식물
혁명

Graphic design: Yoshito Furuya

For the original edition: Plant Revolution. Le piante hanno già inventato il nostro futuro by Stefano Mancuso

www.giunti.it

* * *

본 책은 이탈리아 외무부에서 수여한 번역지원금을 받았습니다.

Questo libro e' stato tradotto grazie ad un contributo del Ministero degli Affari Esteri e della Cooperazione Internazionale Italiano

PLANT

스테파노 만쿠소 지음 · 김현주 옮김

2018 프레미오 갈릴레오상 수상

인류의 미래, 식물이 답이다!

식물의 생존 전략에서 찾은 인류 위기의 해법

이탈리아 외무부 번역 지원 선정도서

REVOLUTION

동아엠앤비

서문

식물은 인간의 삶에 무척 중요한 요소다. 그런데 대부분의 사람들은 이 점을 거의 인지하지 못한다. 물론 우리 모두는(적어도 나는 모두가 알고 있기를 바란다) 식물에서 생산된 산소 덕분에 호흡을 하고, 먹이 사슬 전체, 즉 지구의 모든 동물에게 영양분을 공급하는 음식이 식물을 바탕으로 이루어졌다는 것을 안다. 그런데 석유와 석탄을 비롯해 재생 불가능 에너지 자원이라 불리는 것들 역시 수백만 년 전에 식물이 심어 놓은 태양 에너지의 다른 형태일 뿐이라는 것을 아는 사람은 몇이나 될까? 우리가 사용하는 의약품의 주성분이 거의 대부분 식물성 원료라는 것은 얼마나 알고 있을까? 나무가 그 놀라운 특성 덕분에 세계 곳곳에서 아직도 건축 자재로 가장 많이 사용되고 있다는 것은 알고 있을까? 이처럼 우리의 삶은 이 지구에 존재하는 다른 모든 동물처럼 식물계에 좌지우지된다.

인류의 생존에 이토록 중요한(우리의 경제도 상당 부분 영향을 받는다) 식물이라는 것에 대해 우리는 모든 것을 다 안다고 생각할 수도 있다. 그러나 전혀 그렇지 않다. 2015년 한 해만 해도 2,034가지의 새로운 식물 종이 발견되었다. 이것이 모두 식물학자들의 관심 밖으로 밀려난 미세한 크기의 식물에 대한 수치라고 생각하면 안 된다. 최근 발견된 식물 중 길베르티오덴드론 맥시멈Gilbertiodendron maximum은 가봉의 열대 우림 지역의 고유종 나무로 높이는 45미터 정도에 지름은 1미터 30센티, 그리고 총 중량은 100톤을 넘길 정도로 거대하다. 2015년의 기록이 아주 특별한 것은 아니다. 지난 10년간 새로운 품종은 매년 2,000가지 이상 발표되었다.

새로운 식물에 대한 연구는 언제나 가치가 있고, 무엇을 발견하게 될지는 결코 알 수 없다. 3만 1,000가지 이상의 다양한 종의 용도가 문서화되어 있다. 이 중 약용으로 사용되는 것은 1만 8,000가지, 식용으로는 6,000가지, 섬유와 건축자재로는 1만 1,000가지, 사회적인 목적(종교적인 목적과 마약류 포함)으로는 1,300가지, 에너지원으로 1,600가지, 동물 사료로 4,000가지, 환경과 관련된 목적으로 8,000가지 그리고 2,500가지는 독극물 등으로 사용된다. 관련 법안도 금방 제정되고 새로운 종 중 약 10분의 1은 즉시 인간에게 사용된다. 앞서 말한 것처럼 식물에 대한 연구는 바람직하다. 식물이 생산을 할 뿐 아니라 우리에게 가르침을 줄 수 있다는 점을 이용한다면 더 없이 좋을 것이다.

실제로 식물은 현대화의 표본이라고 할 수 있는데, 이 책의 목적이 그러한 점을 명확하게 하는 것이다. 언제인지도 모를 때부터 식물은 인간이 처한 대부분의 문제에 원자재부터 자체적인 에너지원에 이르기까지, 저항력과 융통성 있는 전략 등 최고의 해결책을 찾아주었다. 우리는 그저 어느 곳을 어떻게 바라봐야 할지를 알기만 하면 된다.

4억에서 10억 년 전 사이, 생존에 필요한 영양분을 찾으려 스스로 몸을 움직이기로 한 동물과 달리, 식물은 진화론적으로 역행하는 과정을 거쳤다. 식물은 생존에 필요한 모든 에너지를 태양으로부터 얻고 땅에 뿌리를 내려 움직이지 않기 때문에 생기는 수많은 제약에 적응하는 길을 택했다. 당연히 쉬운 일은 아니다. 사방에 적이 있는 환경에서 움직일 수 없다면 어떻겠는가? 식물은 벌레와 초식동물을 비롯해 각종 포식자들에게 둘러싸여 있는데 도망칠 수도 없다. 그 속에서 살아남으려면 동물과는 전혀 다르면서 견고하게 존재할 수 있는 방식을 찾는 수밖에 없다.

포식과 관련된 문제들을 해결하기 위해 식물은 독창적이고 특별한 방향으로 진화하면서 동물의 방식과는 아주 거리가 먼, 우리가 보기에는 그 자체가 생명 다양성의 예라고 할 수 있는 방식을 개발했다. 이런 점에서 식물은 정말 외계 생명체라 할 수 있을 정도로 우리와 다른 유기체다. 식물이 개발한 대부분의 생존 방식은 동물계에서 고안된 것과 정반대다. 동물계에서 흰색인 것이 식물에서는 검은색이고, 반대로 동물에서 검은색은 식물의 흰색이다. 동물은 이동을 하고, 식물은 멈춰 있다. 동물은 빠르고 식물은 느리다. 동물은 소비를 하고 식물은 생산한다. 동물은 이산화탄소를 내뱉고 식물은 이산화탄소를 사용하고……. 심지어 거의 알려져 있지 않지만, 사실상 가장 중요한 문제인 확산과 응집도 완전히 상반된다. 동물은 특별한 기관에서만 담당하지만 식물은 몸 전체에서 이루어지는 기능이 있다. 이것이 동물과 식물의 근원적인 차이인데, 그 영향력을 완벽하게 파악하기는 어렵다. 이렇게 '몹시 다른' 구조가 식물이 우리에게 '그토록 다르게' 보이는 이유 중 하나다.

설계에 대한 우리의 접근 방식은 인간의 기능을 대체 및 확장, 발전시키는 것이었다. 실제로 인간은 도구를 제작할 때 언제나 기본적으로 동물 조직을 복제하려 했다. 컴퓨터를 예로 들어 보자. 컴퓨터는 뇌와 같은 프로세서로 초기 모델부터 대대로 이어져 내려 온 계획을 바탕으로 설계되어, 하드웨어를 비롯해 하드디스크와 램ram, 비디오 카드와 오디오 카드 등을 관리한다. 다시 말해 우리 인체 조직을 그저 인공적인 것으로 탈바꿈시킨 것이다. 지배자의 역할을 하는 뇌와 뇌의 명령에 따르는 기관들, 인간이 설계한 모든 것은 거의 이런 식으로 시스템이 구성되어 있다. 심지어 인간은 사회조차 위계적이고 중앙 집중적인 계획을 바탕으로 건설했다. 이러한 설계 모델의 특장점은 답이 빨리 나온다는 것인데, 성급한 판단 때문인지 그 답이 항상 올바른 것은 아니다. 신뢰도가 상당히 낮으며 전혀 혁신적이지도 않다.

식물은 중심 뇌와 유사한 기관이 없는데도 동물보다 월등한 감각으로 주변 환경을 인식하고, 지면과 대기에서 사용할 수 있는 한정된 자원만으로 능동적으로 경쟁력을 갖추며 주변 상황을 정확하게 판단한다. 그 외에도 정교한 손익분석이 가능할 뿐 아니라 환경에서 가해지는 자극에 대응할 방법을 결정하고 수행하는 능력도 갖추고 있다. 다시 말해 식물이 택한 길은 변화를 감지하고 적절한 시기에 그것에 기발하게 대응하는 것이다.

중앙 집권화된 모든 조직은 선천적으로 약하다. 1519년 4월 22일 에르낭 코르테스Hernán Cortés는 선원 100명과 500명 정도의 군인, 그리고 몇 마리의 말과 함께 멕시코에 상륙했다. 현재의 베라크루즈Veracruz에 해당하는 위치였다. 그로부터 2년 후인 1521년 8월 13일 수도인 테노키틀란Tenochitlán이 몰락했고, 이로 인해 아스테카 문명이 종말을 맞이했다. 그리고 얼마 후인 1533년에는 잉카인들도 프란시스코 피사로Francisco Pizarro로 말미암아 같은 운명에 놓이게 된다. 양쪽의 경우 모두 군대의 규모가 너무 작아 몬테주마Montezuma와 아타우알파Atahualpa, 두 군주가 포로로 잡히자 그 위대하고 세기적인 제국이 붕괴되고 말았다. 중앙 집권 체계라는 것이 예민하기 때문이다. 테노키틀란에서 북쪽으로 몇 백 킬로미터 떨어지지 않은 곳에 살던 아파치인들은 (아즈텍보다 훨씬 덜 발전했지만, 그 어떤 종류의 권력도 중앙 집권화되어 있지 않았다) 전쟁이 장기간 일어났음에도 에르난 코르테스Hernán Cortés에 대항할 수 있었다.

식물은 동물보다 훨씬 저항력 있고 현대적인 모델을 구현한다. 식물은 견고함과 융통성이 어떻게 결합될 수 있는지 보여주는 대표적인 생명체다. 식물의 모듈식 구성은 현대화의 정수로, 기능은 잃지 않은 채 반복되는 파멸적인 사건에 완벽하게 대처할 수 있고 엄청난 환경 변화에 매우 빠른 속도로 적응할 수 있는 중앙 통제 센터가 없는 분산적 협력 구조다.

식물은 효율적으로 환경을 탐험하고 위험성이 있는 사건들에 즉각적으로 대응할 수 있는, 해부학적 구조가 복잡하고 기본적인 기능들이 잘 발달된 감각 시스템이 필요하다. 그렇게 식물은 환경에 있는 자원을 사용하기 위해 다른 것 중에서도 능동적으로 토양을 탐험하는 정교한 뿌리 그물망을 활용한다. 현대의 상징 그 자체인 인터넷이 식물의 뿌리 그물처럼 구축된 것도 같은 맥락으로 이해할 수 있다.

견고함과 혁신에 관해 말하자면 식물과 대적할 만한 것이 없다. 진화 덕분에 식물은 동물이 찾은 것과 매우 다른 솔루션을 개발했는데, 이러한 관점에서 볼 때 식물은 훨씬 더 현대적인 생물이다.

앞으로 우리는 미래를 설계할 때 이러한 점을 염두에 두어야 한다.

차례

I

뇌 없이 기억하는 식물의 신비한 능력

기억: 경험한 것을 특정 형태로 저장하였다가 나중에 재생 또는 재구성하는 현상이다. 새로운 경험을 저장하는 작용, 기명된 내용이 망각되지 않도록 유지하는 작용, 유지하고 있는 사항을 회상할 수 있는 활동을 기억의 3요소라 한다.

_ 생명과학 대사전

지식은 아내이고 상상은 연인이며, 기억은 하녀다.

_ 빅토르 위고, 『내 인생 후기』

우리는 우리도 모르는 사이에 우리 안에 거대한 기억을 갖게 된다.

_ 드니 디드로

• (p. 13) 단풍나무는 시과sàmare라는 건조한 열매를 맺는데, 이 열매에는 바람을 타고 잘 날아갈 수 있도록 동물의 날개와 같은 조직이 붙어 있다.

•• (pp. 16-17) 우리는 땅 위에 나와 있는 것들만 가지고 식물을 식별하는 방법에 익숙하다. 그러나 사실상 뿌리 조직이 식물 몸체의 최소 절반 이상을 차지하고, 이 뿌리 부분이 훨씬 더 흥미롭다.

경험이 가르쳐 준다

나는 오래전부터 식물의 지능을 연구해 왔기 때문에 식물의 기억에 대한 연구도 피할 수 없었다. 이 말이 이상하게 들릴 수도 있지만, 여러분도 잠깐만 생각해 보라. 지능이 단 하나의 기관에서 실행한 작업의 산물이 아니라는 것은 금방 예상할 수 있다. 그리고 뇌가 있든 없든 지능은 생명과 함께 타고나는 것이다. 이러한 관점에서, 동물의 경우 뇌가 소수의 생명체에서만 진화한 일종의 '사건'인 한편, 식물 유기체로 표현되는 생명체의 대다수는 뇌의 기능을 담당하는 전용 기관이 없는데도 지능이 발달했다는 점을 확실하게 알 수 있다. 그러나 다른 한편으로 식물의 지능이 기억이라는 특별한 형태이기는 하지만 정확히 어떤 종류인지는 상상조차 하기 힘들다.

사실 기억은 지능 자체와는 다른 것이다. 지능이 없으면 학습이 불가능하고 학습은 지능의 필수조건 중 하나다. 천재성을 지닌 존재가 같은 종류의 문제가 반복적으로 발생하는 상태에 놓일 때 그 문제에 대한 반응의 효율성을 발전시키지 않는 상황을 상상할 수 있을까? 우리 모두 실수라고 느끼면서도 같은 문제에 똑같은 식으로 대응한다는 것은 나도 알고 있다. 그리고 누구나 친구나 친척이 특정한 문제에 반응하는 방식을 전혀 개선

하지 않는 모습을 쉽게 볼 수 있을 것이다. 그러나 이렇듯 발전이 없어 보이는 것은 느낌일 뿐이다. 수많은 예외와 특별한 경우가 있을 수는 있지만, 일반적으로 유기체는 경험을 통해 학습을 한다. 식물도 이러한 기본 규칙을 벗어나지 않고 생존해 있는 동안 이미 알고 있는 문제들이 반복될 경우 점점 더 그에 맞는 방식으로 대응한다. 특정 장해를 극복하기 위해 습득한 정보를 어딘가에 간직하는 능력이 없으면 결코 일어날 수 없는 일이다. 바꿔 말하면, 기억이 없으면 불가능한 것이다.

그렇다고 누군가 뇌를 사용해야 하는 동물과 유사한 점이 있는 수많은 식물의 활동을 가지고 기억에 대해 자신 있게 이야기할 수 있을 거라는 기대는 버려야 한다. 식물에 대해 논할 때, 식물은 뇌가 없으므로 대부분 특정한 용어를 개발한다. 예를 들면 순화acclimatation, 경화, 프라이밍priming, 컨디셔닝conditioning 등이 있다. 오래된 용어의 사용을 피하기 위해 수년간 과학자들이 만든 그 모든 재치 있는 언어는 편하고 '기억'하기도 쉽다.

그런데 모든 식물이 경험을 통해 학습할 수 있다면, 기억 메커니즘을 갖고 있다는 의미다. 예를 하나 들어보자. 올리브 나무 같은 식물이 가뭄이나 염분 등과 같은 스트레스 상황에 놓이면 생존을 보장하는 데 필요한 구조 및 신진대사 변화를 일으키며 반응하기 시작한다. 여기까지는 이상할 것이 전혀 없다. 그렇지 않은가? 그런데 어느 정도 시간이 흐른 후 이 올리브 나무에 똑같은 자극을, 그것도 이전보다 더 높은 강도로 자극을 주면 이 스트레스에 눈에 보일 정도로 잘 대응하는 모습에 놀라움을 금치 못하게 된다. 말하자면 올리브 나무가 학습을 한 것이다! 이 식물은 자신이 사용한 대처법의 흔적 일부를 저장해 두었다가 필요할 때 신속하게 되살려 가장 효율적이고 정확하게 대응할 수 있다. 요약하면, 최고의 대처 방법을 학습하고 저장해 생존 가능성을 높이는 것이다.

식물의 기억은 단기가 아니다

생물의 생태에서도 동물계와 중요한 공통점을 갖고 있음을 나타내는 부분들이 상당히 많고, 그리 길지는 않지만 식물에 대한 연구의 역사도 이제 꽤 자리를 잡았는데도(식물의 지능과 의사소통 능력, 방어 전략 연구 능력, 습성 등에 대한 연구가 그렇다고 생각한다), 기억의 경우 안타깝게도 최근에 와서야 비교 테스트가 시작되었다. 그런데 이 연구에 처음으로 매진한 인물은 '라마르크'로 그간의 긴 기다림을 정당화하는 일을 중요시했다. 사실 장 바티스트 피에르 앙토잉 드 모네 라마르크 Jean-Baptiste Pierre Antoine de Monet Lamarck, 1744-1829라는 풀네임이 라마르크가 과학자로서 얼마나 중요한 위치였는지 더 잘 설명해준다. 식물학의 아버지(식물학이라는 용어를 만들었으므로 말 그대로 식물학의 아버지다)인 라마르크는 당시 다른 자연학자들처럼 식물의 생태에, 특히 '미모사sensitive'라고 하는 식물(특정 자극에 즉각적이고 분명하게 대응하는 식물)의 특징적인 신속한 동작과 관련된 현상에 관심을 두고 있었다. 특히 그의 이력을 살펴보면 오랫동안 '미모사 푸디카mimosa pudica'의 잎이 닫히는 메커니즘의 정확한 작용에 지대한 관심을 갖고 있었고 어떻게 그런 움직임이 발생하는지 알아내려 연구했다. 하지만 지금까지도 그에 대한 명확한 개념은 발견되지 않았다.

여러분 모두 미모사를 알고 있을 것이라 생각한다. 그래도 한 번도 보지 못한 사람도 있을 테니 간략히 설명하자면, 평범하지 않은 작은 식물로 외부로부터 어떤 자극을 받으면(예를 들어 사람이 건드릴 때) 매우 품위 있는 동작으로 섬세하게 잎을 닫는다. 식물계에서는 무척 찾아보기 힘든 이 즉각적인 반응 덕분에 아메리카 대륙 열대 지방이 원산지인 이 식물은 지대한 관심을 불러 모으며 유럽에 상륙했다. 이후 처음으로 세포를 관찰하고

• 개화한 미모사, 분홍 꽃차례는 긴 수술이 무수히 달려 전형적인 깃털의 형태로 보인다.

설명한 영국의 유명 현미경학자 로버트 후크Robert Hooke, 1635~1703를 비롯해 세포생물학의 아버지로 불리는 프랑스인 의사 앙리 뒤트로셰 드 네옹Henri Dutrochet de Néons, 1776~1847 같은 유능한 과학자들이 미모사 연구에 매달렸다. 그렇게 몇 년 동안 미모사는 말 그대로 식물학계의 '스타'가 됐다.

그 유명한 라마르크도 미모사의 매력에서 헤어나지 못하고 수많은 실험을 거듭하면서 더 깊은 지식을 탐구하고 원산지와는 조금 다른 조건에서 미모사의 행동을 연구했다. 그런데 무엇보다 라마르크에게 충격을 준 것이 있었다. 미모사가 같은 특성의 자극을 반복적으로 받으면 어느 순간 이에 크게 반응하고 이후의 모든 자극은 완전히 무시한다는 점이었다. 라마르크는 미모사의 이런 반응의 중단이 '피곤함' 때문이라 판단했다. 기본적으로 미모사가 몇 차례 반복적으로 잎을 닫으면 움직이는 데 사용할 에너지가 모두 소진될 것이기 때문이다. 동물 근육의 작업에도 이와 비슷한 점이 있다. 근육은 무한히 계속 움직일 수 없고 사용할 수 있는 에너지의 양에 제한이 있는데 미모사도 그런 특징이 있다. 그렇다고 항상 그런 것은 아니지만 말이다.

라마르크는 간혹, 지속적인 동일한 자극을 받은 후 이 '피실험자'가 자신의 에너지를 다 소진하기 전에 잎을 닫는 행위를 멈춘다는 것을 알았다. 라마르크는 당황스러웠다. 눈에 보이지만 예측할 수 없는 이런 행위가 일어나는 이유를 도무지 이해할 수 없었기 때문이다. 그러던 어느 날 르네 데폰테이누René Desfontaines, 1750~1833가 했던 초창기 미모사 실험을 우연히 알게 됐고 그 안에 자신의 의문의 답이 있다고 생각했다. 프랑스의 식물학자 르네 데폰테이누는 독창적인 실험을 계획했다. 자신의 제자에게 미모사를 모아 수레에 싣고 파리를 돌아다니면서 미모사가 어떤 모습을 보이는지 면밀하게 관찰해 달라고 부탁했다. 특히 잎을 닫을 때 각별한 주의를 기울이라고 했다. 이름도 모르는 그 제자가 눈썹 한 번 찡그리지 않고 순종한 것을 보면 엉뚱한 요구를 하는 스승에게 익숙했던 모양이다. 그는 마차 의자에 미모사 화분을 잔뜩 싣고 마부에게 파리에서 가장 흥미로운 곳들을 중고속 정도의 속도로, 가능하면 멈추지 말고 돌아다녀 달라고 했다.

제자는 이 마차 여행이 즐겁지 않았다. 미모사의 움직임을 아주 꼼꼼하게 관찰해 현장에서 곧바로 수첩에 기록해야 하는데, 미모사는 마차가 파리의 돌바닥 위에서 처음 흔들리기 시작할 때부터 잎을 닫았던 것이다. 젊은 제자에게는 그다지 흥미롭지 못하고 르네 데폰테이누는 만족하지 못한 채 끝날 것 같은 실험이었다. 미모사는 예상한 것처럼 마차가 처음 진동을 시작할 때부터 잎을 닫았다. 그리고? 제자는 스승이 이 실험에서 무엇을 기대한 것인지 궁금했다. 그게 무엇이든 제자는 스승이 만족할 만한 결

• 미모사 푸디카는 라틴 아메리카와 카리브 해가 원산지인 예민한 식물로, 현재는 수많은 열대 국가에 확산되었다.

과를 얻기는 힘들 거라고 생각했다. 그런데 파리를 한참 돌아다니던 중 예상치 못한 일이 벌어졌다. 마차는 여전히 같은 강도로 계속 흔들리고 있는데, 처음에는 하나, 그 다음에는 둘, 그 다음에는 다섯, 그러다 결국 모든 미모사가 잎을 열기 시작한 것이다. 흥미로운 일이었다. 대체 어떻게 된 것일까? 신원을 알 수 없는 이 제자는 감전이 된 듯했고 곧바로 수첩에 기록했다. 미모사가 '적응하고 있다'고 말이다.

파리의 거리에서 이루어진 이 실험의 결과는 식물학 학회에 인상적인 흔적을 남겼다. 그러나 라마르크와 오귀스탱 피라무스 드 캉돌Augustin-Pyramus de Candolle, 1778~1841이 쓴 『프랑스 식물지Flore française』에서도 짧게 언급된 바 있지만, 사람들이 그다지 천재적인 직관이라 여기지 않는 연구가 대부분 그렇듯 금방 잊혔다. 그렇지만 데폰테이누 실험은 그 시절에 이미 너무 분명한 징후를 나타냈고, 정보의 저장에서 비롯된 미모사의 적절한 행동 양식을 정확하게 집어냈다. 미모사가 어떤 기억의 형태를 갖고 있지 않다면 어떻게 계속되는 수레의 충격에 적응할 수 있었을까? 호기심이 발동하기에 충분하지만, 이 의문들은 오랜 세월 과학계에서 확인조차 하지 않았다.

그리고 지난 2013년 5월, 퍼스Perth의 웨스턴오스트레일리아 대학의 연구원인 모니카 갈리아노Monica Gagliano가 6개월간 내 연구실로 전근을 왔다. 그녀는 Linv(내가 운영하는 피렌체 대학의 국제 식물신경생물학 연구소다)에 도착했을 때 해양생물학 연구가로서 다양한 수많은 분야에 관심이 많아 철학에서 식물종의 진화에까지 눈을 돌리고 있었다. 그녀가 내 연구실에 방문한 목적도 식물계에 대한 지식을 심화하는 것이었다. 정확히 말하면 식물계의 특별한 측면, 바로 식물의 행동을 연구하기 위해서였다. 그러니 연구 환경에 대한 긴 토론이 진행되는 동안 실험을 계획하기 시작했던 것은 지극히 당연했다. 이런 실험들이 한편으로는 대학 측에 그녀의 Linv에서의 체류를 정당화하고, 다른 한편으로는 우리가 식물의 행동에 대한 대화를 나누는 중에 생긴 수많은 호기심 중 몇 가지에 대한 답을 제시해 줄 수 있었다. 나는 이 중에서 오래전부터 사실이라고 생각했지만 사실상 특별한 과학적 근거는 없는 일을 실험을 통해 증명할 수 있다는 점이 가장 중요해 보였다. 다시 말해 식물이 효율적인 기억 장치를 갖고 있다는 과학적 증거를 실험을 통해 알아내는 것이었다. 일단 우리의 연구 주제는 합의됐지만, 가장 어려운 부분은 해결이 되지 않았다. 식물이 특별한 형태의 기억 능력을 바탕으로 반응의 효율성을 향상시킨다는 것을 어떻게 증명할 수 있을까?

몇 달 전 기타큐슈에 있는 Linv의 일본 본부를 방문하는 중, 내 절친이자 동료인 토모노리 카와노(Tomonori Kawano, 일본 지점 관리자)가 대단히 자랑스러운 얼굴로 몇 권의 책을 보여줬다. 파리 소르본 대학에서 처분하기로 한 수천 권의 책을 그가 탁월한 협상 능력을 발휘해 폐기의 위기에서 구해 일본으로 가져왔는데, 그중 일부였다. 그 많은 책 사이에는 라마르크와 캉돌의 『프랑스 식물지』 원본의 사본도 있었다. 이 책에는 프랑스의 수도 곳곳의 거리를 누비며 미모사를 운반하면서 관찰한 데폰테이누의 실험에 대해 적혀 있었다. 책을 본 순간 나는 아까 우리가 그렇게 재미있게 나누었던 믿기 힘든 수레 여행 이야기가(이상하게 토모노리는 데폰테이누의 제자가 완벽한 일본 학생의 전형이라고 했다) 떠올라 모니카에게도 들려주었다. 그 실험 결과가 과학적으로 칭찬받을 수 있도록 연구해서 재출간할 수 있을까? 그 후 며칠 지나지 않아 우리가 곧바로 '라마르크와 데폰테이누 실험'이라 이름 지은 실험에 대한 새로운 공문서가 준비됐다.

2013년도에는 식물을 실은 마차를 타고 돌아다니는 일은 생각할 수 없지만, 반복적인 자극을 주는 것은 재현해 보고 싶었다. 실험 목적은 두 가지였다. 한 가지는 미모사 푸디카 모종이 몇 차례 반복적인 경험을 하고 난 후, 자극이 위험하지 않다는 것을 인식하고 잎을 닫지 않는다는 점을 증명하는 것이었다. 다른 한 가지는 미모사가 어느 정도의 준비 기간을 거친 후 이미 알고 있는 자극과 그렇지 않은 자극, 이 두 자극을 구분하고 적절한 방식으로 대응할 수 있다는 것이었다. 그러니까 우리는 식물이 자신들이 겪은 위험하지 않은 자극을 '기억'해서 위험의 가능성이 있는 새로운 자극과 구분할 수 있는지를 알고 싶었던 것이다.

우리는 간단하지만 효과적인 실험 장비를 신속하게 준비했다. '라마르크와 데폰테이누 실험'에서 우리는 화분에 담긴 식물이 약 10센티미터 높이에서 반복적으로 추락하는 상황에 놓이게 했다. 정확하게 수치로 나타낼 수 있는 점프가 자극을 하는 것이다. 실험 결과가 나오자마자 우리는 열광했고 데폰테이누의 관찰이 얼마나 정확했는지 확인할 수 있었다. 몇 차례의 자극이 반복된 후(7~8회 정도), 미모사는 더 이상 잎을 닫지 않기 시작했고 이후의 추락에는 극도의 무관심으로 무시했다. 그다음으로는 이렇게 반응을 보이지 않는 이유가 단순한 피로 때문인지, 아니면 정말 미모사가 무서워할 일이 전혀 아니라는 것을 깨달았기 때문인지를 알아내야 했다. 해볼 수 있는 단 한 가지 방법은 이전과 다른 자극을 주는 것이었다. 그래서 우리는 화분을 가로 방향으로 흔드는 기계를 준비해서 미모사가 이전과 다른 충격을 받게 했고, 이때의 자극도 당연히 완벽하게 수치로 표현할 수 있었다. 이 실험에서 미모사는 곧바로 잎을 닫았다. 정말 놀라운 결과였다. '라마르크와 데폰테이누 실험' 덕분에 우리

• 어느 정도 훈련이 된 '미모사 푸디카'는 위험하지 않은 자극을 인식하고(몇 센티미터 정도의 높이에서 화분이 추락하는 상황) 이런 상황에 놓였을 때는 잎을 닫지 않아도 된다는 것을 학습한다.

는 식물이 어떤 사건이 위험하지 않다는 것을 파악하고, 위험 가능성이 있는 다른 사건과 구분할 수 있다는 것을 증명하는 데 성공했다. 결국 식물이 과거의 경험을 '기억'할 수 있다는 이야기다.

그런데 이 기억이 얼마나 오래 갈까? 이 질문의 답을 찾기 위해 우리는 훈련이 되어 두 가지 자극을 구분하는 수많은 모종 중 몇 개는 건드리지 않고 방치해 두었다가 이전에 학습한 기억을 유지하고 있는지 살폈다. 결과는 우리의 모든 예상을 뛰어넘었다. 미모사는 40일 이상 기억하고 있었다. 수많은 곤충들의 표준 기억 시간과 비교하면 상당히 긴 시간이고, 여러 종류의 고등 동물과 견줄 만한 수준이다.

식물처럼 뇌가 없는 생명체에서 이와 같은 메커니즘이 어떻게 작용하는지는 여전히 미스터리다. 스트레스에 대한 기억 분야에 주력한 수많은 연구에서는 이런 종류의 기억의 형성에 후성유전학이 지대한 영향을 끼치는 것으로 보았다. 후성유전학은 DNA 시퀀스의 변화 때문이라고 볼 수 없는 변이 유전의 가능성을 설명해 준다. 말하자면 시퀀스가 아니라 유전자들의 표현이 달라지는 변화(DNA의 구성에 중요한 역할을 하는 단백질인 '히스톤histone'의 변경이나 DNA 자체가 질소를 기반으로 메틸-CH_3 그룹으로 연결되는 '메틸화')라는 것이다.

세포 내에 코드화되지 않은 DNA가 있다. 한때 '정크 DNA'로 알려졌던 이 세포로 인해 최근 세포 생물학계에 정말 중요한, 예상치 못한 기능들이 밝혀지기 시작했다. 예를 들어 개인의 삶에서 중요한 과정인 뇌의 기능과 배아의 발달에 핵심적인 역할을 하는 RNA 분자의 생산을 이 DNA가 담당한다. 생물학에서는 역사적으로 식물에 대한 연구를 통해 진보를 이룬 일들이 많았다. 특히 최근에는 식물의 기억 능력의 신비를 밝히는 연구에서 가능해진 것들이 많다. 확실한 예로 '식물은 어떻게 꽃을 피워야 할

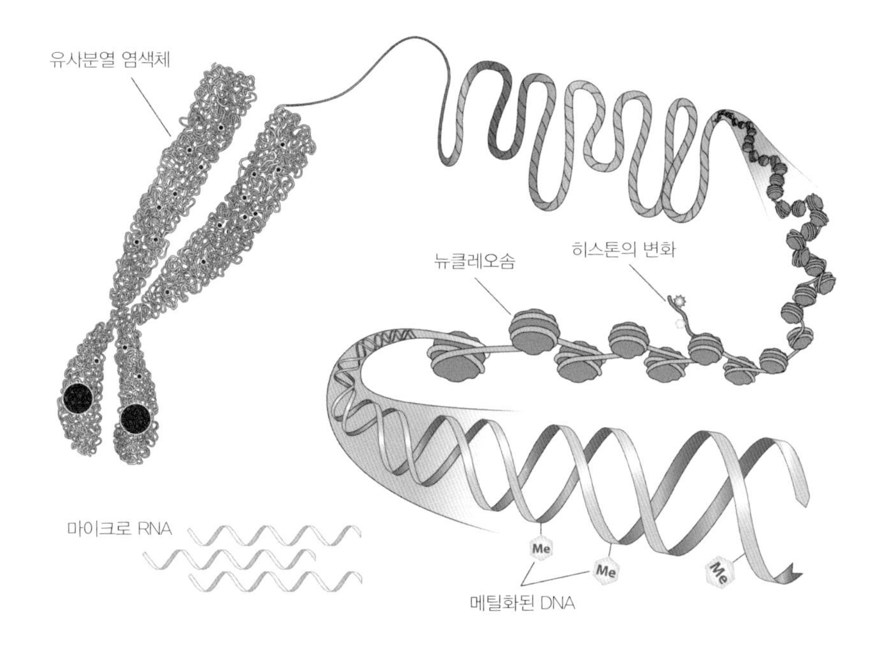

• DNA의 메틸화는 후성유전적 변화 중 가장 일반적인 것이다.

정확한 시기를 기억할까?' 하는 의문을 밝혀내는 것이다. 식물의 성공적인 번식과 자손 생산은 무엇보다 적절한 시기에 꽃을 피우는 능력을 바탕으로 한다. 수많은 식물이 겨울 추위에 노출된 후 특정 일수가 지난 후에야 꽃을 피운다. 결국 식물은 시간이 얼마나 지났는지 기억할 수 있는 것이다.

이것은 명백한 후성유전적 기억이지만, 불과 얼마 전까지도 이에 대해 전혀 알려지지 않았었다. 그러다가 로스앨러모스Los Alamos 국립연구소의 코디네이트 연구 단체 카리사 산본마츠Karissa Sanbonmatsy에서 《셀 리포트Cell reports》 2016년 9월호에 쿨에어COOLAIR라 부르는 특별한 RNA 시퀀스에 대한 연구 결과를 발표했다. 이들의 발표에 따르면 쿨에어는 식물이 추위에 노출된 지 얼마나 지났는지 인식해서 봄철 개화시기를 조절한다. 이

RNA 조각이 비활성화되거나 제거되면, 식물은 개화를 할 수 없다. 쿨에어(근본적으로 개화를 억제하는 요소를 억제하는 역할을 한다)의 역동적이고 복합적인 작용에 파고들지 않고도, 우리는 이 메커니즘이 전에 생각하던 것보다 훨씬 평범하다는 점과 식물의 기억 기능의 기초가 될 수 있다는 점에 주목했다. 실제로 식물계에서 후성유전적 변화는 동물에 비해 훨씬 더 중요한 역할을 하는 듯하다. 그리고 스트레스 후의 유전자 표현의 변화가 후성유전적 변경에 의해 세포에서 기억을 하는 것일 수도 있다.

최근 케임브리지(미국) MITMassachusetts institute of technology 생물학과의 수잔 린드퀴스트Susan Lindquist가 인솔한 그룹의 연구에서는 식물이 적어도 몇 번의 개화에 대한 기억 중에서 '프리온prion' 단백질을 사용할 수 있다는 가설을 세웠다. 프리온은 단백질의 일종으로 내부의 아미노산 사슬이 나선형으로 감겨 있는데 알 수 없는 이유로 이 사슬이 시트형으로 펼쳐지면 도미노 효과처럼 주변의 모든 단백질도 바뀌어 버린다. 동물의 경우 프리온이 이로울 것이 전혀 없다. 예를 들어 광우병으로 더 많이 알려진 크로이츠펠트야콥병Creutzfeldt-Jakob diseases의 원인이 바로 프리온 단백질이다. 그러나 식물에서는 독특한 생화학적 기억 방식을 제공할 수 있다.

어쩌면 사람들은 이러한 연구에 대해 관심이 아무리 높다 해도 그저 순수한 호기심일 뿐이라고 생각할 수 있다. 그러나 이 연구의 중요성은 그러한 예상을 뛰어넘는다. 뇌가 없는 존재의 기억 기능을 이해하는 일은 식물이 어떻게 기억을 하는지에 대한 신비를 푸는 것뿐 아니라, 우리의 기억이 어떻게 작용하는지 파악하는 데도 사용될 수 있다. 어떤 메커니즘이 이러한 변질과 질병을 초래하고, 어떻게 이 특별한 형태가 신경계 외부에까지 자리를 잡을 수 있는지도 알아낼 수 있다. 또한 기억의 생물학적 기능에 대한 모든 발견이 기술적 응용에 커다란 이익이 될 것이다. 달리 말하면,

이러한 주제에 대한 연구에서 얻는 모든 진보가 전체적으로 이익이 되고 현재로서는 상상도 할 수 없는 잠재력을 가지고 있는 것이다.

식물에서 플랜토이드까지, 식물을 활용한 로봇공학

신중하게 자연을 바라보면 모든 것을 더 잘 알 수 있다.

_ 앨버트 아인슈타인

• (pp. 34-35) 단 하나의 뿌리 기관이 수십억 개의 아펙스apex로 이루어질 수 있다. 사진은 옥수수의 뿌리 기관 중 극히 일부로, 대단히 복잡한 모습을 볼 수 있다.

생물에서 영감을 얻은 접근이 새로운 것일까?

우리가 아직 시기상조인 발표에 우려와 교정, 해명 등으로 몇 년을 보내는 동안, 그토록 기다린 로봇 혁명이 시작됐고 성공을 목전에 두고 있는 듯하다. 실제로 경제적이고 신뢰성 있는 로봇들이, 불과 몇 십 년 전까지는 반드시 인간의 노동력을 필요로 했던 수많은 활동들을 대신하고 있다. 몇 가지는 이미 우리 일상의 일부를 차지하고 있다. 아파트의 먼지를 제거하거나 정원의 잔디를 깎거나 거리의 쓰레기를 치우는 로봇들은 이제 공상과학 영화에 등장하던 특별한 존재가 아니다.

이러한 현실이 명백하고, 현재 로봇이 다양한 분야에서 이미 필수적인 도구가 되었는데도 일반적으로는 로봇이 아직도 먼 훗날 다가올 일이라는 개념을 갖고 있다. 물론 로봇의 존재를 두려워하는 사람도, 바라는 사람도 있다. 하지만 우리가 이러한 기계에 대해 갖고 있는 개념과 관련된 인식은 대부분 오해다. 사실 로봇은 기하급수적으로 확산되고 있고, 이제 산업 자동화나 의학, 해저 연구 등의 분야에서 로봇을 대체할 수 있는 것은 없다. 우리는 매일 새로운 애플리케이션에 대한 이야기를 듣는다. 폭발물

처리 로봇에서 청소 로봇, 잠수함 로봇까지……. 그런데 우리가 친구들과 이야기를 해 봐도 한 30년 전과 비교했을 때 지금 로봇이 주위에 훨씬 더 많아졌다고 느끼는 경우는 전혀 없는 것 같다. 이 모든 것의 원인이 무엇일까? 내 개인적인 의견으로는 이러한 인식은 로봇을 주제로 한 수많은 영화와 소설 덕분에 형성된 대중적인 개념, 즉 인간의 외형과 특성을 모방하는 방식으로 만들어진 안드로이드android의 개념과 관련되어 있는 듯하다. 로봇이라는 용어는 힘들고 강제적인 노동을 뜻하는 체코어 '로보타robota'에서 비롯된 것이다. 이 용어를 처음 사용한 사람은 체코의 작가 카렐 차페크Karel Čapek로, 인간의 생활을 편리하게 만들어야 하는 인공 노동자들을 사실상 '복제자' 즉, 유기적인 휴머노이드로 표현한 것이다. 아마 이 때문에 로봇이 기계이기는 하지만, 본질적으로 단순하게 인간을 복제한 휴머노이드 노예라는 확신이 수많은 사람들에게 빠르게 확산된 것 같다. 로봇이라는 용어가 나온 후 얼마 지나지 않은 1927년, 프리츠 랑Fritz Lang이 만든 표현주의 영화의 걸작으로 꼽히는 「메트로폴리스Metropolis」에 의해 인간과 기계의 합성된 모습이 로봇의 이미지로 영원히 굳혀 버렸다. 그러나 이런 허구적인 이야기 외에, 인간의 모습이 로봇 제작에 가장 적절하다는 말을 한 사람이 있던가?

어쨌든 기계가 인간과 닮아야 한다는 편견이 얼마나 매력적인지, 신기술 개발을 위한 접근 방향도 인간의 기능을 대체 및 확장, 개량하게 만든다. 사실 인간은 자신이 사용할 도구를 만들 때 항상 자신을 복제하려 했다(아니면 최소한 동물의 형태를 기본으로 하려 했다). 컴퓨터를 예로 들어보자. 이 기계는 현대의 상징 그 자체로 그 무엇과도 대체될 수 없다. 겉으로 보기에는 우리와 완전히 다른 듯하지만, 인간의 운영 체계를 바탕으로 설계되었다. 프로세서는 뇌를 대신한 것으로 하드웨어를 관리하는 기능을 갖고 있고

• 1921년 프라하에서 상영된 공상과학 드라마의 세트장.
•• 블라스티슬라프 호프만Vlastislav Hofman의 그림에 표현된 연극 주인공 도민Domin의 사무실.

하드디스크나 램, 비디오카드와 오디오카드와 같은 주변 장치는 인체 기관을 '그대로' 옮겨 놓은 기술적인 장치다. 인간이 만드는 모든 것은 '작동 기관'들을 관리하는 '생각하는 뇌'가 있는, 기본적으로 공통적인 구조를 나타내는 경향이 있다. 앞으로 보게 되겠지만, 우리 사회도 이러한 모델을 기반으로 구성된다.

다행히 지난 몇 년간, '생물에서 영감을 받았다'고 하는 접근 방식이(자연을 기술적인 문제 해결을 위해 모방해야 할 모델로 보는 방식) 신소재와 기계를 계획하고 생산하는 데 사용되기 시작했다. 그러나 태양 아래 새로운 것은 없다. 이러한 접근 방식에는 레오나르도 다빈치(1492~1519)가 대부분의 연구에서 사용한 것과 동일한 이론이 적용된다. 예를 들어 휴머노이드 로봇을 연상시키는 그의 자동기계 기사automa cavaliere는 『대서양 코드Il Codice Atlantico』나 다른 수첩들에 적힌 메모를 보면 두 발로 서고 팔과 머리를 움직이고 입을 열어 소리까지 낼 수 있었다. 밀라노의 스포르자 궁전에서 열리던 성대한 파티 중 언젠가를 위해 준비한 것으로 예상되는 이 발명품은 토스카나 출신의 천재 레오나르도 다빈치가 연필과 펜으로 그린 그 유명한 '비트루비우스적 인간Uomo vitruviano'에서 엿볼 수 있는 해부학 연구를 바탕으로 했으므로, 분명 생물에서 영감을 얻은 것이다.

그런데 이 생체영감bioinspiration이 현대 로봇에도 새로운 바람을 몰고 왔다. 이제 더 이상 인간은 영감을 불러일으키는 유일한 모델이 아니다. 동물계 전체가 연구하고 모방할 솔루션의 광산이 된 것이다. 지난 몇 년간 '애니멀로이드animaloid'와 '인섹트로이드'가 점점 더 발을 넓히고 있고, 도롱뇽이나 노새, 심지어 낙지를 재현해 설계한 로봇들이 좋은 성과를 거두었다. 만약 우리가 물속에서 물건을 잡아 이동시키는 로봇을 만들고 싶다면, 낙지의 촉수에 담긴 생생한 지식을 떠올려 보면 최고의 아이디어가 떠오를 것이다. 또, 수중환경에서 육지를 자유자재로 이동하는 수륙양용 로봇을 설계해야 한다면, 도롱뇽보다 더 좋은 모델이 있을까? 그러나 지금 당장은 생물 영감이 동물의 왕국에 국한되어 있는 듯하다. 그렇다면 식물은 어떨까? 뭐, 아직까지는 이런 문제에 그다지 큰 기여를 할 수 있다고 여기지는 않는다.

하지만 나는 동의하지 않는다. 식물의 왕국도 우리가 따라 할 만한 이유가 충분한 것들이 무수히 많다. 식물은 에너지를 아주 조금 소모하면서 수동적으로 움직이고 표준율에 따라 '건설'되며 견고하고 분산적인 지능을 갖고 있고(동물의 중앙 집중적인 지능과 반대된다) 콜로니 같은 집단 서식 형태를 취한다. 견고하고 에너지 자급이 가능하고 지속적으로 변화하는 환경에 적응할 수 있는 무엇인가를 설계하고 싶다면, 지구상에서 식물보다 더 큰 영감을 줄 수 있는 것은 아무것도 없다.

왜 식물인가

어쩌면 여러분은 '식물에서 영감을 얻은 로봇이라고? 그런 게 우리에게 무슨 쓸모가 있겠어?'라는 의문을 품을지 모른다. 그럼 다시 한 번 이야기해 보자. 식물은 광합성을 하는 다세포 진핵생물로, 예외도 있지만, 대부분 공기에 노출된 부분과 뿌리 구조로 이루어져 있다. 식물은 자신의 부족한 특성을 보완하고 이동이 불가능한 가운데 변화하는 환경 조건에 적응하기 위해 성장을 통한 이동 가능성을 발전시켜 특별한 가소성plasticity을 증명해 보였다.

움직임으로 나타나는 환경에 대한 모든 반응은 일반적으로 '굴성tropism'으로 알려져 있다. 굴성은 식물이, 그중에서도 특히 뿌리가 외부의 자극에 대한 반응으로 눈에 띄게 특정 방향으로 성장하는 특성인데, 주요 자극 중에는 빛(굴광성)과 중력(굴지성), 접촉(굴촉성), 습도(굴수성), 산소(향산소성), 전기장(굴전성) 등이 있다. 그리고 최근에는 내 연구실에서 진행한 연구 덕분에 '굴음성phonotropism', 즉 음원의 영향을 받는 성장 특성도 추가됐다. 이러한 메커니즘이 조합되어 식물이 적대적인 환경에서 생존하고 뿌리 체계를 생성해 토양을 콜로니화 할 수 있는 것이다. 식물의 생존과 안전성을 보장하는 것이 바로 이 뿌리 조직이다(뿌리가 잎보다 길이나 질량 면에서 월등한 경우가 많고, 가늠하기 어려운 정도의 규모까지 성장하기도 한다).

뿌리의 흡수 표면의 넓이를 최대한 확장시키기 위해 자연은 신화에 등장하는 카르타고의 창시자 디도Dido 여왕에 대한 시적인 전설과 비슷한 속임수를 동원했다. 신화 속에서 아프리카의 이아바Iarba 왕이 디도 여왕과 티어Tire에 유배된 여왕의 백성에게 소가죽으로 뒤덮을 수 있는 땅 전체를 하사하겠다고 한다. 당연히 이것은 이아바 왕의 속임수였다. 그러나 미래의 카르타고의 여왕 디도는 이 상황을 자신에게 유리하게 풀어 낼 줄 알았다. 여왕은 가죽을 아주 가느다란 띠 모양으로 잘라 연결한 후 도시 전체를 아우르는 넓이를 둘러쌌다. 같은 방식으로 곡식의 모종 하나도 전체 뿌리털의 길이를 생각하면 20킬로미터 이상의 줄이 될 수 있다. 그런데 뿌리털의 체적을 측정해 보면 한 변이 1.5센티미터인 정육면체 안에 들어갈 수 있을 정도다.

뿌리끝의 또 다른 중요한 특징은 아무리 내구성이 높은 물질이라 해도 그 안에서 자랄 방법을 찾아내는 능력을 갖고 있다는 것이다. 약해 보이는 외관과 섬세한 구조를 취하고 있지만, 뿌리털들은 특별한 압력을 가할 수 있고 세포의 분열과 팽창 작용을 통해 아주 견고한 바위도 파괴할 수 있다. 뿌리는 자랄 수 있기 때문에 실제로 땅 속의 구멍이나 균열의 크기는 뿌리끝의 규모보다 더 클 것이다. 뿌리 세포 내부의 수분이 팽압furgor을 만들어내는데, 이 팽압이 뿌리가 확장하거나 성장하는 데 필요한 압력이다.

뿌리의 흡수력으로 물이 뿌리 세포 내에 들어오면 세포들이 팽창하면서 세포 구성원들을 단단한 벽 쪽으로 밀어낸다. 이런 식으로 가해지는 압력은 종류에 따라 1에서 3메가파스칼(megapascal, cm^2당 10kg을 견디는 강도)까지 가능하다. 이 압력을 이용하여 식물은 아스팔트나 시멘트, 심지어 화강암 같이 내구성이 높은 물질을 파괴할 수 있다.

식물의 개성

또 한 가지 아직 잘 알려지지 않은 식물의 특징은 반복적인 모듈식 구조로, 로봇공학이 이 특성에서 아이디어를 착안할 수 있다. 나무의 몸체는 반복되는 단위로 구성되고, 이 단위들이 모여 전체적인 구조를 이루며 생리현상이 결정된다. 그러니까 동물계에서와는 아주 다른 일이 일어나는 것이다. 도리에 맞지 않아 보일 수 있지만, 우리가 동물에게 사용하는 '개체'라는 정의도 식물계와는 거의 관련이 없다. 자세히 한 번 살펴보자. 개체에 대한 정의는 최소 두 가지가 있다.

1. 어원: 개체는 두 부분 중 한 부분이 죽지 않는 이상 두 부분으로 나뉠 수 없는 생물학적 존재이다.
2. 유전학적 의미: 개체는 현재의 공간과 시간 속에서 안정적인 게놈을 지닌 생물학적 존재이다. 안정적인 상태는 공간적으로는 게놈 자체가 유기체의 세포 내에 있고, 시간적으로는 전체 수명이 연장되는 것을 뜻한다.

거의 모든 식물을 놓고 보면 이런 정의가 얼마나 별 의미가 없는지 어렵지 않게 증명할 수 있다. 어원의 문제부터 살펴보자. 식물은 둘로 나뉘고 증식된다. 19세기 말 프랑스의 자연학자 장 앙리 파브르Jean-Henri Fabre, 1823~1915는 '동물의 경우 거의 대다수가 분열이 파괴를 의미하고, 식물의 경우 분열은 증식이다.'라고 기록한 바 있다. 절단이나 접붙이기를 통한 번식을 바탕으로 한 종묘 생산은 식물이 이러한 특권을 제대로 활용한 것이라고 식물을 연구하는 학자들뿐 아니라 단순한 애호가들도 명확하게 알고 있다.

그리고 유전적인 안정성도 식물계에서는 그다지 중요치 않은 듯하다. 동물의 경우, 몸집과 상관없이 모든 세포 안에서 생명이 다하는 동안 게놈이 안정적이다. 반면 식물에게 게놈의 안정성은 그다지 큰 가치가 없다. 흔히 말하는 '새싹 돌연변이'를 공부한 사람이라면 잘 알 것이다. 실제로 과수 재배의 역사에서 한 그루의 나무에서 '돌연변이' 가지가 발견되고, 그 가지에서 자란 과일이 유독 관심을 끌었던 일은 자주 있었다. 복숭아의 새싹 변이에서 유래했을 것이 거의 확실한 천도복숭아나 검은 피노 누아(Pinot noir, 포도의 재배 품종—역주), 싹이 변이한 피노 그리Pinot Gris 등 새싹이 변이해 탄생한 변종의 예는 무수히 많다.

하나의 식물에 공존하는 서로 다른 게놈의 예인 '키메라chimera'도 상당히 매력적이다. 키메라는(그리스 신화에 등장하는 동명의 괴물처럼) 접목한 부분에서 생성된 서로 다른 개체들이 함께 발전하는 것이다. 오렌지나 포도를 비롯한 수많은 과실수에서 '기이한' 현상들이 다양하게 발생하는데, 이러한 현상들은 식물 생명체의 특성을 보여주는 좋은 예다. 그리고 여러 키메라 중에서 그 유명한 '시트러스 엑스 아우란티움 비짜리아Citrus x aurantium bizzarria'에 대해서는 한번 언급하는 것이 좋겠다. 시트러스 엑스 아우란티

• 감귤류에서 발견되는 다양한 키메라 중 한 예인 '시트러스 엑스 아우란티움 비짜리아'. 현재 빌라 메디체아 디 카스텔로 및 피렌체의 보볼리 정원 전시장에서 감상할 수 있다.

움 비짜리아는 오렌지나 유자와 같은 모양의 열매들이 한 뿌리에서 불규칙적으로 나타나는 아주 희귀한 감귤류의 변종이다. 이 식물은 오랫동안 이탈리아 메디치 가문의 수집품으로서 위풍을 자랑하다가 1674년도에 당시 식물원의 원장인 피사 피에트로 나티Pisa Pietro Nati, 1624~1715에 의해 처음으로 소개됐다. 이후 한동안 멸종된 줄 알았다가 1970년대에 와서야 재발견됐다. 그런데 이런 흥미로운 예를 제외해도, 어느 정도 나이가 있는 나무들은 거의 이와 유사한 유전적 차이를 나타낸다.

요약하면, 식물을 하나의 '개체'라고 정의하기는 정말 어려운 듯하다. 실제로 18세기 말에 이미 식물을(특히 나무들) 반복적인 구조물로 이루어진 진정한 콜로니라고 볼 수 있다는 생각이 퍼지기 시작했다. 1790년 위대한 작가이자 뛰어난 식물학자이기도 했던 요한 볼프강 폰 괴테Johann Wolfgang von Goethe, 1749~1832가 '식물의 마디에서 나오는 옆 가지들은 모체에 붙어 있는 각각의 어린 식물이라고 생각할 수 있고, 이 모체도 가지와 같은 방식으로 토양에 고정되어 있다.'라고 기록한 바 있다. 그리고 영국의 유명 자연학자 찰스 다윈Charles Darwin, 1809~1882의 조부인 에라스무스 다윈Erasmus Darwin, 1731~1802은 괴테의 생각을 다시 꺼내 1800년에 '나무의 모든 싹은 개별적인 식물이다. 그러므로 나무는 단일 식물들로 구성된 가족이다.'라고 주장했다. 1839년에는 손자인 찰스 다윈이 '여러 개체들이 서로 통합될 수 있다는 것이 놀라워 보일 수 있는데, 나무가 그러한 통합을 확인시켜 준다. 실제로 식물의 싹들은 개별적인 식물로 봐야 한다. 산호 안의 산호충이나 나무의 싹은 각 개체들이 완전하게 분리되지 않은 예라고 볼 수 있다.'라고 덧붙였다. 마지막으로 1855년에 독일의 식물학자 알렉산더 브라운Alexander Braun, 1805~1877은 '식물, 그중에서도 나무를 보면 동물이나 사람처럼 단 하나의 개별적인 존재가 아니라, 서로 다른 개체들이 결합된 개체들의 총체라는 생각이 든다.'라는 의견을 밝혔다.

이제까지 봤다시피, '식물-콜로니'의 개념은 이미 오래전부터 유명 인사들의 지지를 얻어 왔다. 그뿐만 아니라 수명 연장의 의미도 포함되어 있다(모든 로봇공학에서 흥미를 가질 만한 요소다). 일단 콜로니는 자신의 구성원들보다 오래 생존한다. 예를 들어 산호충은 고작해야 몇 개월을 살지만, 이 산호충이 사는 산호는 불멸의 힘을 갖고 있다. 나무도 이와 비슷하다. 기본적인 구성 요소의 생명은 짧은 데 비해, 콜로니(나무)는 실질적으로 계속 생존이 가능하다.

또한 반복적인 구성단위가 식물이 공기에 노출된 부분뿐 아니라, 뿌

• 한 그루의 나무는 반복되는 구성 요소들의 콜로니라고 볼 수 있다.

리기관에도 영향을 끼친다는 개념을 추가할 수 있다. 각각의 뿌리는 모두 자체적인 자율 명령센터를 갖고 있어 외부의 자극에 반응해 자신의 성장 방향을 정하기는 하지만, 실제 콜로니에서처럼 식물 전체의 생명과 관련된 문제가 발생한 경우에는 다른 뿌리들과 협력한다. 자신에게 주어진 지능, 즉 식물이 자신이 살고 있는 환경에서 발생한 문제에 효율적인 대응 방법을 찾게 해주는 간단한 지능 시스템을 발전시켰다는 점은 식물이 얼마나 진화했는지 보여주는 것이다.

식물의 생물 영감의 예, 플랜토이드

앞에서 본 것처럼, 로봇 제작에서 식물을 모델로 하려는 이유는 여러 가지가 있고 상당히 중요하다. 나는 그런 확신을 가지고 지난 2003년 플랜토이드Plantoid라는 아이디어를 개발하기 시작했다. 나는 새로운 로봇을 만드는 데 식물에서 착상한 아이디어를 제공할 수 있다는 가능성에 빠져들었고, '플랜토이드'라는 단어가 안드로이드android와 비슷해 신종 로봇을 나타내기에 매우 적합해 보였다. 내 공상 속의 기계들은 토양 탐사부터 우주 탐사까지 무수한 방법으로 사용될 수 있다. 앞으로도 그렇겠지만 로봇공학에 대한 내 지식은 상당히 한정적이었다. 그러니 나 혼자였다면 내 생각을 실현하는 일은 절대 불가능했을 것이다. 학계에서 흔히 그렇듯 이 아이디어도 실현 불가능한 일로 여겨져 어느 작은 상자 속에 갇히게 될까 두려웠다.

다행히 내 두려움은 기우였다. 나는 누구든지 나와 대화하는 것을 꺼리지 않으면(나는 어떤 것에 관심이 생기면 편집증 증세를 보이는 경우가 종종 있다. 나를 아는 사람들은 이 시기에 내가 얼마나 위태로워 보이는지 잘 안다) 플랜토이드의 구축 가능성에 대해 쉬지 않고 설명했다. 그러던 어느 날, 이론적인 토론 내용에서는 설득력이 있지만 당시까지 그저 환상으로만 남아 있던 일을 현실로 옮길 수 있는 완벽한 사람을 만났다. 현재 IIT(Istituto italiano di tecnologia, 피사 소재의 이탈리아 기술 연구소)의 미생물 로봇공학 센터를 운영하고 있는 바바라 마쫄라이Barbara Mazzolai였다. 나와 처음 만난 2003년에 그녀는 이미 뛰어난 로봇 연구가였다. 대학에서 전문적으로 공부를 해서 생물학 분야에서도 거의 완벽하게 준비된 여성이었다. 그녀와 로봇이나 식물에 대한 이야기를 나누는 일이 어느덧 습관이 됐고 당연히 대화의 내용도 점점 발전

• 플랜토이드를 회화로 표현한 작품. 식물의 작용에서 영감을 얻은 이 로봇들은 자원에서 오염물질까지, 토양 탐사를 필요로 하는 모든 상황에 동원될 수 있을 것이다.

했다. 특히 플랜토이드에 대한 아이디어는 우리 두 사람을 열광시켰다. 우리가 플랜토이드의 제작 가능성에 대한 이야기를 하면 할수록 점점 더 그 실현 가능성에 대한 확신이 커졌다. 물론 헤쳐 나가야 할 기술적인 문제들이 많았지만, 해결될 수 있었다. 우리 두 사람 모두 플랜토이드가 세상의 빛을 보게 될 것이라고 확신했다.

아무것도 없는 상태에서 로봇(개념적으로 완전히 새로운 종류의 로봇)을, 실제로 작동을 하는, 단순한 공학적 장난감이 아닌 진짜 로봇을 만드는 일은 시간과 노동력, 그리고 돈을 필요로 한다. 다른 열정적인 연구가들처럼 우리도 시간과 노동력을 바칠 각오는 돼 있었지만, 우리가 가진 돈으로는 아무것도 할 수 없었다(이탈리아에서 연구원의 보수가 얼마나 되는지 여러분이 직접 검색해 보시라. 차마 내 입으로 밝히기도 부끄럽다). 이 연구를 시작할 수 있게 해주고 비용까지 지원해 줄 기관이나 재단, 혹은 투자자를 찾아야 하는데 쉽지 않았다. 정말 오랫동안 시간을 끌어야 했다. 투자 관계자들은 일단 기본적인 이론과 설비의 내구성에 냉담한(아니면 미지근한) 반응을 보였다. 하지만 나와 바바라가 보기에는 명확하기 그지없고 약점이라고는 없었다. 이전에도 여러 번 그랬지만, 이때도 식물이 비유기적인 생물이고, 좋게 생각해 봤자 정원을 꾸미는 데 사용하는 장식이라는 생각을 오래전부터 품고 있던 사람들에게 식물의 특별한 능력을 확신시키기가 쉽지 않았다. 그보다 더 힘든 일은 식물을 모방하면 신세대 로봇을 만들 수 있다고 투자자들을 설득하는 것이었다. 내게는 이 도전과 제안이 확실히 매력적이었고 친절한 독자 여러분에게도 그러기를 바라는데, 투자금을 지키는 맹견들에게는 전혀 그렇지 않았다! 투자자들은 이 연구의 매력이나 구체적인 연구 내용은 거들떠보지도 않았다. 그들은 '신중함'이라 부르고, 나는 '상상력 부족'이라 생각하는 것과의 싸움은 거의 항상 진 경기나 다름없다.

하지만 꿈꾸던 프로젝트 실현을 위해 자금을 구할 때, 자신이 제안한 것을 정말 믿는다면 결국 누군가는 그 열정을 헤아려주게 될 테니 절대 실망하면 안 된다. 우리에게는 유럽항공우주국Esa의 선진콘셉트팀Advanced concepts team의 사업인 아리아드나Ariadna가 구세주였다. 우주 탐사에 사용할 로봇 제작에 식물이 모티브를 제공할 수 있다는 우리의 의견이 선진콘셉트팀을 설득한 것이다. 콘셉트팀은 지체하지 않고 '가능성의 연구'에 자금을 지원했다. 투자가 한정적이어서 무언가를 제작할 수는 없었지만, 개념을 정착시키고 플랜토이드 제작 중 발생할 수 있는 문제들을 예상하는 데는 많은 도움이 됐다. 결국 우리는 유럽항공우주국을 위해 「식물 뿌리에서 얻는 생물 영감」이라는 기대감 넘치는 제목의 문서를 작성했다(지금도 인터넷 사이트에서 검색할 수 있다). 문서 내용은 대부분 플랜토이드 제작에 관한 특별 계획과 플랜토이드의 우주 탐사(구체적으로는 화성) 이용 가능성에 관한 것이었다.

우리의 기본 논제는 간단했다. 식물이 최고의 개척자 생물이므로, 그 생존 체계를 연구하여 플랜토이드에 적용하면 악조건의 환경에서 최대한 저항력을 보이는 기계를 구현할 수 있다는 것이 우리의 생각이었다. 외계

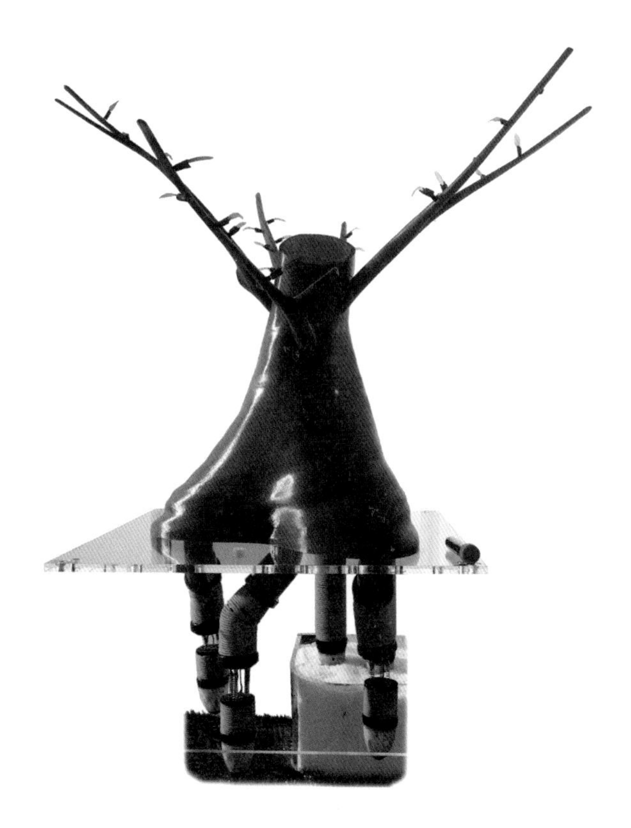

• 유럽 Fet 프로젝트에서 제작한 첫 번째 플랜토이드 원형으로, 토양 속에서 뿌리끝을 연장시킬 수 있다.

환경에서 화성만큼 악조건인 곳은 없다. 우리의 계획은 대량의 플랜토이드를 화성의 대기권까지 운송해 방출하는 것이었다. 10센티미터가 조금 넘는 크기의 플랜토이드들이 붉은 화성의 지면에 닿는 순간 작동이 시작되어 뿌리를 내리게 된다. 바닥에 박힌 이 플랜토이드의 뿌리들이 지하층을 탐색하고, 지표면 위의 잎과 비슷한 기관들은 광전지 셀photovoltaic cell을 이용해 로봇에 계속 에너지를 공급한다. 우리의 계획은 흔히 생각하는 화성 탐사에 대한 시각을 완전히 뒤집어 놓은 것이었다! 엄청난 비용을 쏟아 부었지만 움직임이 너무 느려 아주 좁은 지역밖에 탐색하지 못하는 거대한 덩치의 로봇을 계속 우주로 쏘아 올리는 것이 아니라, 수천 개의 플랜토이드를 보내는 것이 우리의 목표였다. 이 플랜토이드들이 씨앗처럼 대기 중에서 폭발해 엄청난 규모의 지역에 확산되고, 특별한 움직임 없이 자기들끼리, 그리고 지구와 정보를 교환하면서 우리가 화성의 지표 지도를 만들 수 있을 정도의 방대하고 상세한 토양의 구성에 대한 데이터를 전송해 줄 것이다.

유럽항공우주국에서의 연구를 끝으로 우리는 다시 주저앉았고, 수년간 자금을 지원해 주겠다는 투자자가 나타나지 않았다. 바바라와 나는 2011년까지 유럽 연합의 지원을 받으려 연구 제안서를 제출했는데, 이 제안은 실패 확률이 높은 대신 혁신을 일으킬 가능성도 아주 높은 매우 '공상적인' 아이디어를 지지하는 것이었다. FetFuture and emerging technologies는 지금도 그렇지만 예전에도 매우 혁신적인 유럽의 기술 계획을 위해 적절한 자금을 지원해 주려는 의도를 지닌 프로젝트였다. 우리는 「플랜토이드, 토양 모니터링을 위해 식물의 뿌리에서 영감을 얻은 혁신적인 인공 로봇」이라는 제목으로 Fet에 제안서를 제출했고, 드디어 최초의 플랜토이드를 제작할 수 있게 됐다.

처음 3년 동안은 하나의 플랜토이드를 구성하는 수많은 모듈의 설계와 제작을 비롯해, 최종적으로 실제 사용할 때에 발생할 수 있는 수많은 문제들을 해결하는 데 주력했다. 바바라의 연구실을 고뇌에 휩싸이게 만든 문제 중 하나는 뿌리의 성장을 모방하는 방법이었다. 로봇공학에서 자가 성장 메커니즘은 지금까지도 실현하기 매우 어려운 목표로 남아 있는 만큼, 간단히 생각할 문제가 아니었다.

식물의 경우, 뿌리의 성장과 움직임의 과정은 기본적으로 두 가지 메커니즘을 바탕으로 한다. 첫 번째는 뿌리끝 바로 위의 분열 지점에서 일어나는 세포 분열이고, 두 번째는 분열 지점 뒷부분, 정확히 '확장 지역extension zone'이라는 곳에서 일어나는 세포 팽창이다. 우리는 로봇 뿌리끝을 제작할 때 이 두 작용을 모방했고, 로봇 뿌리의 확장을 위해 플라스틱 재질의 탱크를 사용했다. 이외에 뿌리의 다양한 감지 능력을 복제하기 위해 로봇 뿌리끝에 중력의 방향을 따라갈 수 있는 가속도계와 수분 변화를 감지할 수 있는 습도 센서, 몇 가지 화학 성분 센서, 땅 속에서의 진행 방향과 침투를 관리하는 삼투압 작동기(삼투압을 운동 작용으로 변경시켜주는 특수 장비), 그리고 여러 센서에서 전달된 정보들을 관리하고 뿌리 기관들이 갖고 있는 통상적인 분배 기술을 재현할 마이크로컨트롤러microcontroller를 사용했다. 플랜토이드의 로봇 뿌리를 만든 후에 남은 일은 잎에 대한 연구뿐이었다. 잎에 관한 문제는 그다지 복잡하지 않아, 광합성 과정을 모방하여 모든 작동 기능을 수행하는 데 필요한 에너지를 공급할 광전지 셀로 해결할 수 있었다.

식물의 적응 전략을 모방했기 때문에 플랜토이드는 천천히 움직이면서 주변 환경을 충분히 탐색할 수 있고 실행력은 상당히 높은 반면 에너지 소모율은 낮다. 플랜토이드의 뿌리끝은 새로운 유형의 삼투압 작동기를 통해 땅 속으로 이동한다. 동시에 다른 부분들과 소통하면서 데이터를 수집하기 때문에 식물계에서는 일반적인 분배 방식의 전략을 이용할 수 있다.

현재 플랜토이드는 방사능이나 화학 오염의 위험이 있는 테러 공격, 광산 지역의 지도 작성, 우주 탐사, 광물이나 석유 연구, 특수 치료, 2.0 농업(현존하는 가장 수익성이 좋은 영농 기술을 이용해 노동력과 물을 80~90% 절감하는 100% 유기농법—역주) 등 매우 다양한 환경에서 사용 가능한 상황이다. 바바라는 플랜토이드를 특별하게 응용하기 위해 꾸준히 개선 및 특수화하고 있다. 사실 이 흥미진진한 길에 우리는 이제 막 첫걸음을 내디뎠지만, 식물의 생체영감에서 얻은 기술적 가능성을 확신하는 사람들의 수는 이미 증가하고 있었다. 나는 평화로운 플랜토이드 단체가 우리의 정원과 농장을 가꾸는 모습을 볼 날이 그리 멀지 않기를 바란다. 아니, 분명 그렇게 될 것이라 확신한다.

III

동물을 능가하는
숭고한 모방 기술

자연의 아름다움을 모방하는 것은 한 가지 모델만을 따르는 일이거나, 하나의 주제로 연합한 다양한 모델들의 관찰에서 비롯된 일이다.

_ 요한 빙켈만, 『모방에 대한 생각』 중

자연을 연구하면 할수록 이런 확신이 점점 더 깊어진다. 자연은 각 부분의 상황에 따라 느리지만 상당히 다양한 변화에 뛰어난 적응력을 얻고, 복잡하며 끊임없이 변화하는 생활 조건하에서 유기체에게 유용하도록 변화된 상황을 유지하고 축적할 수 있다. 이러한 특성들은 인간의 가장 비옥한 상상력이 발명할 수 있는 그 어떤 장치나 적응 방법보다 훨씬 우월할 것이다.

_ 찰스 다윈, 『곤충으로 수정되는 난초들의 꽃가루받이를 사용하는 다양한 장치들』

• (pp. 56-57) 리톱스 속에 속하는 이 식물은 살아 있는 돌로 알려져 있으며, 남아프리카와 나미비아의 매우 건조한 지역에서 자란다.

모델, 위장, 수신자

위장 능력에 대한 이야기를 할 때 일반적으로 동물계에만 해당되는, 이미 잘 알려진 것들을 예로 든다. 카멜레온이나 대벌레, 사마귀, 나비, 유충, 다양한 어류, 서대기, 문어……. 그러나 일부 식물은 누가 봐도 동물적인 위장 능력과 매우 동등하게 경쟁할 수 있는 위장 능력을 갖고 있고, 심지어 이러한 능력의 대부분이 우리가 아직까지 파악할 수 없을 정도로 정교한 수준에 도달해 있다.

자연에는 수많은 형태의 위장술이 존재한다. 일반적인 대화에서 대부분 위장 현상은 기본적으로 두 가지를 의미한다. 첫 번째는 의태(mimetismo fanerico, 그리스어로 '나타내다'라는 의미의 파네로스phaneros에서 기원)로 한 생물이 다른 생물의 행동이나 형태, 색을 모방하는 것이고, 두 번째는 위장(mimetismo criptico, 그리스어로 '숨다'라는 의미의 크립토스kryptos에서 유래)으로 한 생물이 자신을 둘러싼 환경을 모방하여 스스로를 보이지 않게 하는 것이다. 그러나 이 '모방'이라는 용어는 매우 다양한 측면이 있을 수 있으므로 매우 광범위한 현상을 지칭한다. 그런데 그 메커니즘을 제대로 이해하려면 초반에 작은 탈선을 해야 한다. 이후의 설명에서 이 탈선이 왜 필요했는지 알게 될 것이다.

퇴화와 무질서로 내미는 자연의 압박 속에서 자신의 내부 조직을 유지할 수 있는 능력은, 생명체가 얼마나 복잡한 수준인지를 떠나 반드시 갖추어야 할 조건이다. 이러한 능력은 올바른 선택을 할 줄 아는 탁월함 덕분에 빛을 발한다. 예를 들어 다른 분자가 살고 있는 지층에서 일부 분자만 선택하거나, 아군과 적군을 구분하고 자원의 이용 가능 여부에 따라 스스로의 몸체를 확대 및 축소시킨다. 유기체는 환경과 주고받는 정보가 이동하는 하나의 개방된 시스템이다. 요약하면, 모든 존재는 주변 세상과 데이터를 교환하고, 그 데이터를 바탕으로 생존할 수 있는 것이다. 때문에 커뮤니케이션은 생명과 불가분의 관계다. 의사소통이 없으면 아주 단순한 생물도 생명 그 자체를 의미하는, 매우 섬세한 균형을 유지할 수 없다.

결국 모든 생명체는 상대가 자신과 같은 종인지 아니면 위험 요소인지를 따지기 위해 매 순간 상대를 인지해야 한다. 따라서 생애주기의 한정된 순간 속에서 다른 생명체와의 상호작용은 반드시 필요하며, 이는 메시지의 방출이나 수신을 통해 이루어진다.

한 생명체가 다른 생명체에게 자신에게 유리한 행동을 하도록 유도하기 위해 어떤 종류의 신호를 방출할 때(시각적, 후각적, 청각적 신호 등) 모방 현상을 관찰할 수 있다. 그런데 이 모방이 이루어지려면, '모델(진정한 메시지를 생산하여 방출하는 생명체)'과 '모방(모델의 신호를 재현하여 이용)' 그리고 마지막으로 '수신자(모방에 유용하도록 메시지에 반응할 대상)'도 필요하다.

모방의 여왕 보퀼라 트리폴리아타와 식물의 홀눈

어쩌면 일부일 수도 있지만, 내 생각

에 능력이나 효율성 면에서 동물과 견줄 수 없는 매우 월등한 수준의 기교를 자랑하는 모방의 예가 식물계에 여럿 있다. 그런데 어느 정도 정교해야 식물의 모방 능력을 따라갈 수 있는지를 살피다 보면 또 한 가지 흥미로운 측면을 발견하게 된다. 실제로 이런 모방 현상에 대한 연구를 통해 식물에서 예상할 수 없는 감각 능력을 알게 되는 경우가 많다. 보퀼라 트리폴리아타Boquila trifoliata가 그런 경우인데, 정말 탁월한 모방 능력을 갖고 있었다.

보퀼라는 진정한 식물계의 젤리그(zelig: 어떤 상황에서든 자유자재로 변신 가능한 자—역주)이며, 자연에서 찾을 수 있는 가장 특별한 모방의 예일 것이다. 보퀼라는 칠레와 아르헨티나의 온대 활엽수림에서 자라는 칡의 일종으로, 보퀼라 속에 속하는 종은 보퀼라 하나뿐이라는 특징을 갖고 있다. 그러나 사실상 칠레에서는 다양한 명칭으로 불릴 정도로 흔한 식물이고 식용 열매를 생산한다. 보퀼라 종이 알려진 것은 아주 오래전이라 지금까지 식물학자부터 식물 전문가, 심지어 일반 식물 애호가들까지 연구에 뛰어들어 원산지에서 성장하고 번식하는 과정을 지켜봤다. 하지만 불과 몇 년 전까지도 보퀼라의 놀라운 모방 능력을 그 누구도 알아채지 못했다.

2013년, 식물학자 에르네스토 지아놀리Ernesto Gianoli는 칠레 남부의 숲에서 조용히 산책을 하던 중 학자 인생에서 가장 많은 보퀼라 트리폴리아타를 보게 된다. 이상할 것은 전혀 없었다. 보퀼라는 이미 익숙하고 어떤 식물인지도 알고 있었는데, 이번에는 무엇인가 그의 관심을 끌었다. 숲에 들어간 식물학자는 벼룩시장에서 온 신경을 곤두세우고 다른 그 누구도 발견하지 못한 무엇인가를 찾아 나서는 수집가와 똑같다. 새로운 종을 찾아 숲을 헤매는 동안 식물학자의 두 눈은 어딘가에 깊숙이 숨은 특별한 것들, 형태나 색상이 조금이라도 다른 것, 자신이 연구하고 있는 식물을 달라지게 하는 무엇인가 새로운 것을 관찰하는 데 몰두한다. 새로운 것에 대

• 칠레의 온대 활엽수림에서 매우 쉽게 찾아볼 수 있는 칡과의 식물인 '보퀼라 트리폴리아타'는 놀라운 위장술을 갖고 있다. 사진의 잎들은 일반적인 조건일 때의 상태다.

한 자세한 내용은 2차적인 문제다. 칠레에서는 아주 흔한 보퀼라 숲을 주의 깊게 관찰하다가 지아놀리는 자기 앞에 있는 잎들이 예상했던 것과 살짝 다르다는 것을 알아챘다. 가까이 다가가보니 그 잎들은 자기들이 있는 자리의 관목의 잎과 연결된 것이 아니라 주위에서 자라는 넝쿨식물의 것이었다. 모든 조건들은 분명히 보퀼라 트리폴리아타인데 그 잎들은 그가 기억하는 형태가 아니었다. 놀랍게도 잎들이 타고 올라가고 있는 관목의 잎과 비슷했다.

의문에 가득 찬 지아놀리는 혹시 똑같은 특징을 나타내는 다른 보퀼라가 있는지 보려고 주위를 살폈다. 그러다 무엇인가를 발견하고는 말문이 막히고 말았다. 보퀼라 트리폴리아타가 나무의 잎들을 자신이 자라는 모든 관목, 즉 각 '숙주'의 종에 맞춰 놀라울 정도로 비슷하게 모방하고 있었던 것이다. 보퀼라는 매우 다양한 잎들을 자유자재로 복제할 수 있는 듯 보였다. 지아놀리가 아는 한 그 어떤 식물도 그런 비슷한 능력을 갖춘 것은 없었다. 식물계 모방의 챔피언으로 알려진 난초도 한 종류만 모방하거나 다른 여러 종류의 난초와 유사한 꽃을 피우는 정도다. 다른 모델을 모방하는 능력은 이때까지 온전히 동물계의 전유물이었다. 보퀼라의 모방 능력 발견으로 활기가 생기기는 했지만 지아놀리는 자신이 본 것이 약간 믿기지 않기도 했다. 그래서 페르난도 카라스코 우라Fernando Carrasco-Urra라는 학생과 함께 자신의 발견에 이의가 생기지 않게 하기 위한 수많은 실험과 확인을 시작한다. 사실 과학 공동체가 식물이 완전히 다른 종의 규모와 형태, 색상을 모방할 수 있다는 사실을 믿게 하기가 쉽지는 않았을 것이다. 결국 확인 결과는 상상하던 것보다 훨씬 놀라웠다.

넝쿨을 타고 오르면서 다른 종을 모방할 수 있는 식물이 보퀼라뿐인 것은 아니다. 한 식물이 둘, 혹은 세 종류의 다른 식물 근처에 자라면서 가장 가까이 있는 식물과 헷갈리도록 자신의 잎에 변화를 줄 수 있다. 다시 말해, 보퀼라는 어떤 종류의 식물이 가장 가까이에 있는지에 따라 '수차례' 잎의 형태와 크기, 색상을 바꿀 수 있는 것이다. 지아놀리와 카라스코 우라의 발견은 이후 중요한 영향을 끼치게 된다. 이렇듯 유연하게 잎의 특성에 변화를 줄 수 있다는 것은 보퀼라가 이제까지 우리가 보지 못한 방식으로 유전자 표현을 조절한다는 것을 의미한다.

이제까지 본 것처럼, 우리는 보퀼라를 통해 독특한 모방의 예를 살펴보고 있다. 물론 내가 이 분야의 전문가는 아니어서 생명체에서 모방 능력이 진화한 헤아릴 수 없이 많은 형태에 대해 명확한 개념을 갖기는 쉽지 않다. 그러나 자신의 몸체의 형태와 크기, 색상을 동시에 변형하는 또 다른 모방의 예는 존재하지 않을 것이라는 말은 어느 정도 자신 있게 할 수 있다. 세 가지 변형 중(가장 흔한 변형은 변색이다) 한 가지만 일어나는 경우는 꽤 흔한 편이고 간혹 두 가지까지도 볼 수 있지만, 세 가지 변형이 함께 일어나는 것은 동물계에서도 새로운 일이다.

이번 장의 초반에 말한 것처럼, 보퀼라와 같은 경우 모방 능력이 어떤 식으로든 위장을 하는 데 도움이 될 것이다. 그렇다면 숙주의 잎을 모방해 자신의 잎을 변경하는 식물이 얻는 이익은 어떤 것일까? 첫 번째 가능성은 해충으로부터 보호를 받는 것이다. 예를 들어 보퀼라가 모방한 잎이 독성이 있어서 곤충들이 이런 잎은 피해야 한다고 배운 경우, 보퀼라가 사용한 의태가 장점이 될 수 있다. 이러한 모방의 형식을 영국의 자연주의학자 헨리 월터 베이츠Henry Walter Bates, 1825~1892의 이름을 따서 '베이츠 의태'라고 하며, 비유를 하자면 양이 늑대로 위장하는 경우를 나타낸다. 식물계에서 베이츠 의태의 예는 꽤 많은 편이다. 그중 잘 알려진 것은 '광대수염Lamium album'과 '울타리쐐기풀Stachys sylvatica' 같은 라비에타Labiata 과의 식물이 쐐기풀을 거의 완벽하게 모방하는 능력 덕분에 초식동물의 공격을 피하는 보호 작용이다. 두 번째 가설은 좀 더 간단해서 선호도가 높은데(유명한 오캄Occam의 면도칼의 원리(어떤 현상에 대한 설명 중 가장 단순한 논리가 진실일 가능성이 높다는 원칙—역주)를 적용하면 그렇다), 보퀼라 트리폴리아타가 다른 식물의 잎과 뒤섞이면서 통계적으로 초식곤충의 공격을 받을 확률이 감소한다. 실제로 외부의 공격을 받을 경우, 잎이 훨씬 더 많은 숙주가 보퀼라보다 더 많이 손상된다. 현재까지는 어떤 이론이 옳은지 알 수 없지만, 이제껏 흔히 그랬듯 정확한 답은 여러 요인들이 종합되어야 할 것이다.

이외에도 지아놀리는 보퀼라의 잎에 대해 이런 설명도 했다. 보퀼라의 일부 잎들의 독특한 특징은(예를 들면 톱니 모양) 재현되기 어려운데, 보퀼라는 잎을 만들 때 테두리에 톱니 모양을 '스케치'하면서 이 특징을 최대한 모방한다고 주장했다. 이러한 현상의 관찰은 시작에 불과하다. 지금

• 숲의 마녀라는 이름으로 알려진 '울타리쐐기풀'은 쐐기풀의 잎을 완벽하게 모방한다.

• 쐐기풀(우르티카 디오이카Urtica dioica)의 잎과 줄기는 방어를 목적으로 매우 뾰족한 물질로 뒤덮여 있다.

가만히 생각해 보면, 보퀼라의 행동에서 제기된 가장 중요한 의문은 보퀼라가 어떻게 그렇게 빠른 속도로 자신의 몸을 변경할 수 있는지가 아니라, '무엇'을 모방해야 할지를 어떻게 아느냐이다. 이런 종류의 특별한 모방의 특성을 처음으로 증명하고자 한 연구에서 지아놀리와 카라스코 우라는 두 가지 가설을 제시한다. 첫 번째 가설은 보퀼라 식물들이 휘발성 물질의 배출을 인식할 수 있어 자신들이 모방할 모델을 구분한다는 것이다. 하지만 이 가설은 보퀼라가 수십 종의 다양한 종이 만든 휘발성 물질이 '혼합'된 환경에 있어도 가장 가까운 잎들을 복제하기 때문에 가능성이 매우 희박한 추측이다. 두 번째 가설은 미생물 같은 것이 숙주 식물의 유전자를 수평으로 이동시켜 보퀼라에게 전달한다는 것인데, 첫 번째 가설보다 더 불가능해 보인다. 결국 이 모방의 대가인 보퀼라가 무엇을 모방해야 하는지를 어떻게 아는지는 여전히 의문으로 남아 있다.

2016년 9월, 나는 50편가량의 과학 논문을 함께 쓴 나의 절친이자 조력자인 본 대학의 프란티섹 발루스카František Baluška 교수와 이 퍼즐에 대한 새로운 답을 제시했다. 이때의 가설은 보퀼라가 '관찰' 능력을 갖고 있다는 것이었는데, 어떻게 생각하면 믿기 어렵고 공상과학 같을 수도 있다. 내가 보기에는 이 가설이 사실일 가능성이 가장 높다. 독자 여러분은 왜 그런지 궁금할 것이다. 그럼 이제부터 내가 왜 그렇게 생각하는지 설명해 보겠다.

지난 1905년에 유명 식물학자인 고틀립 하버란트Gottlieb Haberlandt, 1854~1945가 이미 자신의 책에 식물이 표피세포 덕분에 이미지를 인지할 수 있다는(일종의 시력을 갖고 있다고 주장) 내용을 기록해 당시 과학계에 파문을 일으킨 바 있다. 실제로 표피세포는 렌즈처럼 볼록하게 튀어올라 있어서 하부의 세포층에 이미지를 쉽게 전달할 수 있을 것이다. 하버란트에 의하면, 식물의 표피세포는 다양한 무척추동물에서 찾아볼 수 있는 홑눈과 같은(단순하고 원시적인 눈의 종류) 기능을 한다. 하버란트의 이론은 그 유명한 찰스 다윈의 아들인 프랜시스 다윈Francis Darwin, 1848~1925의 눈에 들었다. 아버지의 뒤를 이어 케임브리지 대학의 권위 있는 식물생리학 교수를 지내던 프랜시스 다윈은 식물의 인지 능력을 주제로 한 자신의 책에서 하버란트의 이론을 길게 언급하며 과학적 타당성 부분을 강조했다.

그러던 어느 날 더블린에서 열린 학회에서 프랜시스 다윈이 식물은 기억을 하는 습성을 가지고 있다고 주장하고(이 내용은 나의 책 『빛나는 초록Verde brillante』에서 언급한 적 있다), 왕립학회 연구원인 해롤드 웨거Harold Wager, 1862~1929는 다양한 종의 표피세포를 렌즈처럼 사용해 제작한 사진을 공개해 청중을 놀라게 했다. 상당히 정교한 인물 사진과 영국의 전원 풍경 사진은 단순하게 생각해도 식물의 시각 현상이 박수를 받을 만큼 뛰어나다는 것을 증명하고 있었다. 하지만 그뿐이었다. 생물학계에서 수많은 이론들

• 해롤드 웨거가 다양한 식물 종 잎의 표피를 렌즈처럼 사용해 만든 사진. 옆은 《뉴욕 타임스》에 보도된 기사.

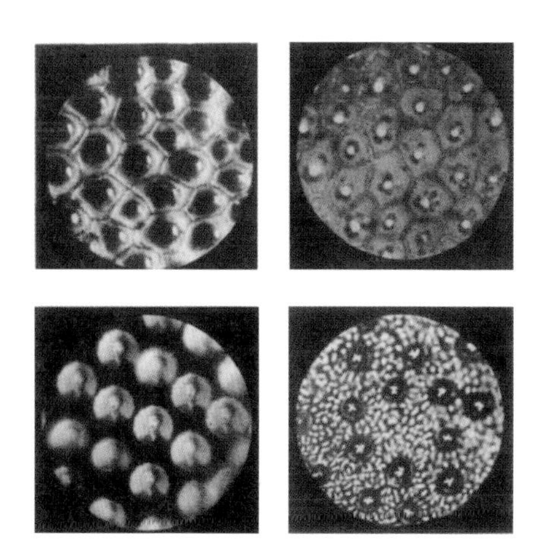

PLANTS HAVE EYES, BOTANIST SHOWS

Prof. Wager Finds Outer Skins of Leaves Are Lenses Much Like Eyes of Insects.

PHOTOGRAPHS WITH THEM

And Pictures of Persons and Landscapes Thus Secured Are Remarkably Clearly Defined.

Special Cable to THE NEW YORK TIMES.

LONDON, Sept. 7.—The interest aroused by the contention made by Francis Darwin, son of the author of

이, 특히 식물에 관한 이론들이 그렇듯, 하버란트의 이론은 잊혔다. 그 누구도 그의 이론을 증명하려고 하지도 않았고, 전면적으로 부정한다며 논쟁을 벌이려 하지도 않았다. 아마 식물의 시각 능력이라는 문제가 심각하게 생각해 보기 어려울 정도로 지나치게 소소해서 시간과 돈을 '낭비'할 가치가 없었던 모양이다.

하버란트의 이론은 그렇게 사라졌고, 지난 세기 동안 그 어떤 과학 논문에서도 언급된 적이 없다. 유명을 달리해 묻혀버린 것이다. 그런데 최근 5년 동안 단세포 생물도 시각적인 능력을 가질 수 있다는, 그 어려운 논제를 증명하는 놀라운 사실들이 발견됐다. 물론 이 발견들로 이 문제가 화제의 중심에 서게 된 것은 아니지만, 식물의 시각과 하버란트의 홑눈이 그저 재미있는 옛날 이론 이상의 것일 수도 있는 가능성을 다시 한 번, 깊게 생각하게 만든 계기가 됐다.

앞에서도 말했지만 식물이 기초적인 형태의 시각을 갖고 있다는 주장은 보퀼라의 변화무쌍한 모방 행위를 가장 잘 설명해 준다. 그리고 이러한 설명이 뒷받침되려면 보퀼라는 수많은 단세포 생물이 갖고 있는 무엇인가를 갖추고 있어야 한다. 최근 원핵생물인 '시네코시스티스synechocystis' sp. PCC 6803 시아노박테리아cyanobacterium를 대상으로 진행한 연구에서 이 원핵생물이 다양한 광수용체를 통해 빛의 강도와 색을 측정하고, 마이크로렌즈와 같이 구성된 단 하나의 세포를 작동시켜 광원을 기준으로 한 자신의 위치를 파악할 수 있다는 사실이 증명됐다. 광원의 형상이 볼록한 세포막을 통과해 내부로 들어가서 맞은편의 면에 투영되어 원핵생물이 광원과 거리를 두는 움직임을 시작하는 것이었다.

다른 단세포생물도(진핵세포의 경우, 예를 들어 와편모충류dinoflagellate는 세포가 매우 복잡한 수준이다) 렌즈나 각막 같은 구조 덕분에 시각 기능을 하는 독창적인 오셀로이드ocelloid를 갖고 있다. 그리고 수많은 무척추동물들이 오셀로이드나 홑눈을 비롯해 꽤 복잡한 기관들을 갖추고 있지만, 인간의 눈과는 많은 차이가 있다. 시력에 대한 이야기를 할 때 이러한 차이점을 먼저 생각한다 해도 자연에는 우리가 헤아릴 수 없을 정도로 다양하고 많은 시각 시스템이 존재한다. 다시 말해, 왜 식물이(혹은 최소한 보퀼라 트리폴리아타와 같은 일부 식물은) 원시적인 형태의 시각을 활용할 수 있게 되었는지에 대해서는 모든 전제가 가능하다.

이러한 관점에서 봐도 내 가설이 옳은지 아닌지에 대한 의혹이 남을

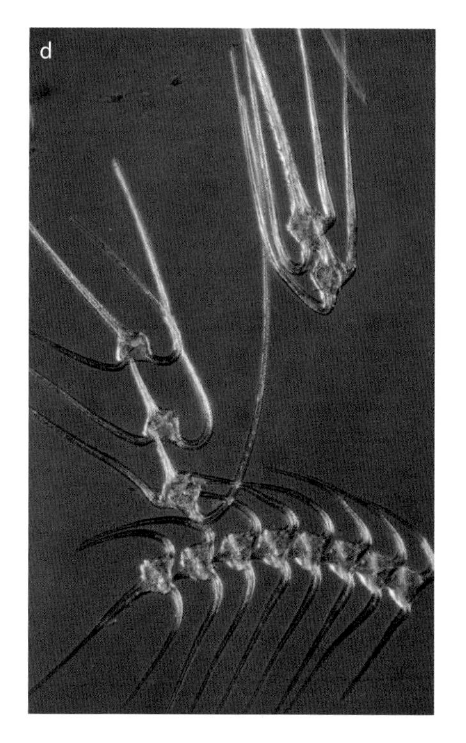

• 와편모충류는 주요 플랑크톤 무리 중 하나인 미세 조류다. 일부 종은 매우 복잡한 홑눈을 갖고 있다.

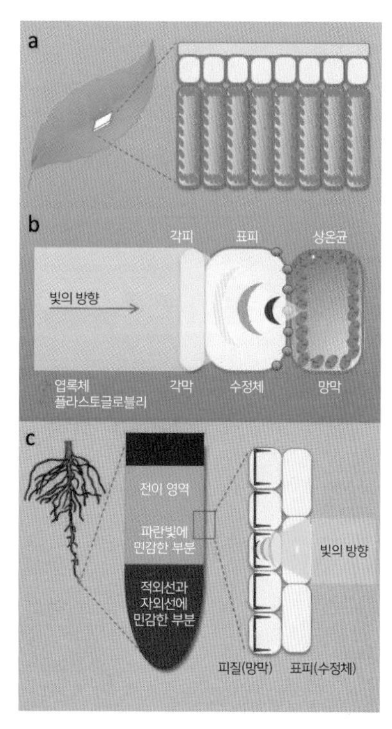

• 잎이나 뿌리의 표피에서도 각막이나 망막과 유사한 구조로 이루어진 홑눈의 전형적인 특성을 찾아볼 수 있ㄷ.

까? 괜찮다. 내 가설이 사실인지, 아니면 아인슈타인Einstein이 '추한 사실로 인해 망가진 아름다운 논리'라고 표현한 수많은 논리 중 하나인지는 곧 밝혀질 것이다.

식물과 살아 있는 돌, 색상 신호

모방은 식물계 어디에서나 찾아볼 수 있다. 보퀼라만큼 대단한 능력을 발휘할 수는 없겠지만 식물의 모방 능력은 언제나 흥미를 끈다. 사실상 보퀼라의 모방 기교를 떠올리지 않고는 식물의 모방 현상에 대해 언급할 수가 없다. 리돕스(Lithops, 그리스어로 돌을 뜻

• '송로옥Blossfeldia liliputana'은 '리돕스'처럼 포식을 피하기 위해 돌의 형태를 모방하는 선인장이다.

하는 'lithos'와 형상을 뜻하는 'opsis'의 합성어)는 번행초Aizoaceae 계통의 속으로 나미비아Namibia와 남아프리카의 사막 지대에서 주로 번식한다. 이 식물은 이름 그대로 돌과 비슷하다. 그리고 모방 능력 외에 원산지인 사막 지대에서 생존할 수 있게 해 주는 특별한 적응 능력을 갖고 있다.

리돕스는 매우 작은 크기의 잎을 두 장만 가지는데 이 두 장의 잎 사이의 틈에서 꽃이 핀다. 다육식물이며 다양한 색상에(줄무늬와 반점이 있어 초록에서 탁한 빨강, 크림색에서 회색, 자색 등의 색상을 띤다) 잎이 형태와 음영 면에서 작은 돌을 완벽하게 모방하고 있다. 아마 여러분도 어느 시장에서 '살아 있는 돌'이나 그와 비슷한 이름의 식물을 본 적이 있을 것이다. 고온에 수분이 부족한 환경에서의 생존을 위해 이 식물들은 줄기를 최소한으로 축

• '리돕스 아우캄피아에Lithops aucampiae'의 예. 타원형에서 양쪽으로 나뉜 부분이 이 식물의 잎이며, 극도로 건조한 조건에 적응하여 두껍고 과즙이 많다.

소시키고 아예 땅 속으로 들어가 잎의 평평한 윗부분만 나와 있는 경우가 흔한데, 작은 돌의 모양을 완전히 모방하고 있다. 리돕스의 잎은 빛이 닿지 않는 식물의 가장 안쪽 부분까지 햇빛이 직접 들어갈 수 있도록 잎을 '창문화', 즉 잎이 투명하게 생기는 경우가 많다.

돌이 많은 사막 환경의 모습과 동화되는 것은 가시나 그 밖의 보호 수단이 없어 동물의 포식에서 생존 가능성이 전혀 없는 식물에게는 확실히 이익이다. 특히 과즙이 풍부한 잎의 수분이 매우 귀한 환경에서는 더욱 그렇다. 그뿐만 아니라 식물의 색채 조합과 변화는 효율적인 의사소통 수단이 된다. 그러나 진화론적 관점에서 이러한 색상의 기능이 동물 생물학에서는 중요한 연구 분야이지만, 식물계에서는 식물과 수분 매개자의 관계를 중심으로 한 꽃에 대한 내용을 제외하고는 거의 철저하게 외면되어 온 주제다. 사실 리돕스와 같은 식물이 예상치 못한 포식자의 눈을 피해 몸을 숨기기 위해 형태와 색을 이용하는 반면, 다른 식물들은 리돕스와 반대로 자신의 힘을 과시하거나 위험한 존재라는 것을 알리기 위해 형태와 색을 사용한다.

이러한 유형의 모방 중 가장 흥미로운 예는 가을 동안 화려한 색을 자랑하는 수많은 종류의 낙엽에서 볼 수 있다. 이런 논리가 어떻게 세워졌는지는 아직 명확치 않으므로 가설적인 형태로 설명해야겠다. 불과 몇 년 전까지 우리는 숲이 붉은색과 오렌지색, 노란색으로 물든 가을 풍경이 엽록소가 사라지면서 녹색에 가려져 있던 다른 색들이 드러나게 된 것이라고, 즉 단순한 엽록소 분해의 부작용이라고 여겼다. 그러나 일부 식물 종이 잎의 착색에 필요한 분자 생산에 중요한 자원을 제공한다는 사실이 밝혀진 후로 가을 산의 색상이 변화하는 현상에 복잡한 무엇인가가 더 있다는 의혹이 생겼다. 그런데 이 울긋불긋한 색은 가을 중 단 며칠, 혹은 몇 주밖에 볼 수 없다. 자, 그렇다면 이렇게 금방 사라지는, 누가 봐도 불필요한 색 변화에 왜 자원을 공급하는 것일까? 옥스퍼드 대학의 빌 해밀턴Bill Hamilton이 사망하기 전 몇 개월 동안 정리한 이론이 그 비밀을 설명해 줄 수 있다. 그의 이론에 따르면, 낙엽송들이 가을에 찬란한 빛을 만들 때 기울이는 노력은 한마디로 '정직한 신호', 즉 식물이 진딧물에게 직접적으로 보내는 과시의 메시지라고 할 수 있다. 이 이론에 대한 믿음이 커질수록 이런 메시지를 방출하려는 식물의 노력이 분명해 보였다.

여러분도 혹시 본 적이 있는지 모르지만, 산양들은 사자를 보면 도망을 치는 것이 아니라 제자리에서 용수철처럼 점프를 하기 시작한다. 이런 풍경을 처음 보면 산양들이 쓸모없는 행동으로 기운만 빼는 것 같지만 사실 이들은 사자에게 '내가 얼마나 강하고 튼튼한지 봐라, 나를 사냥하려 하는 것은 네가 시간과 에너지를 낭비하는 일이다.'라는 메시지를 보내는 것이다. 나무 역시 가을 동안 서식지를 옮기는 진딧물에게 자신은 이 정도의 힘과 기운이 있으니 조금 더 살기 좋은 다른 곳을 찾아가라는 메시지를 보낸다. 그러니까 진딧물의 공격에 매우 약하다고 알려진 단풍나무들이 그토록 독특한 가을 색을 보여주는 것이 우연이 아닌 것이다. 이렇게 독특한 유형의 신호의 예를 더 들자면 공작의 꼬리나 인간의 신분의 상징을 과시하는 것 등이 있는데, 이 두 가지는 시각적인 메시지를 전송해 자신의 능력을 보여주려 하는 것이다. 미국의 물리학자이자 진화생물학자인 재레드 다이아몬드Jared Diamond는 번지점프와 같이 지나치게 위험한 행동을 이런 특성을 지닌 신호로 구분할 수 있다고 주장했다.

인적 자원, 혹은 식물의 자원으로서의 인간

1만 2,000년에서 1만 5,000년 전, 현재는 지속적인 전쟁으로 황폐해졌지만 예전에는 '비옥한 초승달 지대'라 알려진 곳에서 농업이 탄생했다. 그리고 이 농업과 함께 문명도 발생했다. 그러니 인간이 사냥과 수집 활동을 그만두고 정착민이 되어 땅을 일구면서 식물과 공동 진화의 역사도 시작되었다. 몇 가지 식물은 인간의 보호와 보살핌을 받는 대신 식량을 제공하면서 인간과 뗄 수 없는 동반자가 되었지만, 무엇보다 중요한 것은 인간이 지구 전체에 확산시킬 수 있는 '초효율적인 벡터vector'를 얻었다는 점이다. 인간과 식물, 두 계약자가 원본 계약서에 서명한 때부터 수천 년의 세월 동안 완벽하게 지켜졌고 앞으로도 계속 그러할, 최고의 사업이 아닐 수 없다. 상당히 유익한 이 사업은 현재 세 종류의 식물(밀, 옥수수, 쌀)만으로 인류가 섭취하는 칼로리의 약 60%를 공급하는 대신, 각 대륙 표면의 거대 면적을 식민화하고 지구상에 확산된 모든 경쟁 식물을 압도했다. 인간과 식물의 관계는 진정한 공생이라 할 수 있을 만큼 밀접하다. 미국 시민 한 사람의 몸을 구성하는 평균적인 탄소의 양 중 69%가 '옥수수' 단 한 종류로 채워진다.

그러나 이 세 가지 식물로 인류의 식량을 독점하는 일이 훌륭한 사업이라면, 나는 생존 자체를 이 서너 종의 식물만으로 연결시키는 일이 인류에게 이익이 된다고 보기는 어려울 것이라 생각한다. 우리의 섭취 칼로리의 거의 전체 공급을 맡겨야 하는 '공급자'들인데 선택의 폭이 너무 좁다. 게다가 식물이 꾸준한 감소 추세에 있다는 것도 문제다. 실제로 과거에는 인간이 취급하는 종의 수가 상당히 많았다. 18세기 유럽에서는 식용 가능한 식물이 일반 식물(외국산과 식민지에서 유입된 식물 등은 모두 사용되지 않은 상태였다)보다 훨씬 적었음에도, 일반적으로 섭취하는 식물 종의 수가 지금의 세 배에 달했다. 그보다 훨씬 오래전에는 말할 것도 없다. 농업이 발달하기 전, 인간은 말 그대로 수백 종의 다양한 식물을 섭취했다. 간단히 말하면, 1만 년의 세월이 흐르고 지난 세기 동안의 극적인 가속화로 인해 인간의 삶과 연결된 식물 종의 수는 점점 더 감소했다. 우리가 의존하는 종의 수가 적을수록 무엇인가 잘못될 위험성은 높아진다. 정말 현명하지 못한 일이 아닐 수 없다. 예를 들어 밀이나 쌀을 공격하는 질병은 인류에게 재앙일 수 있다. 실제로 그런 일은 이미 일어나고 있다. 한마디 덧붙이자면, 투자를 하는 사람이라면 누구나 잘 알겠지만 훌륭한 투자 전략은 남다른 분야에 투자하는 것이다.

어쨌든 그토록 수익성 높은 식물 관련 사업은 이러한 사업을 모방하는 사람들이나 사기꾼, 혹은 그저 단순히 자신이 이익을 손에 넣을 수 있을지 염려하는 자들을 만들어 내기 마련이다. 실제로 그랬다. 온갖 속임수와 사기를 통해 경작된 식물을 유통시켜 자신의 이익을 취하려 했다. 이 사기꾼들 대부분이 사용한 속임수 역시 자신의 고유 특성을 변형하는 것이므로 모방 현상이다.

농업이 시작된 후로 인류는 열매나 씨앗의 크기나 형태, 색상, 질병에 대한 내성, 식물 자체의 크기 등 이런저런 조건을 이유로 더 나은 식물을 선택했다. 하지만 경작 자체를 위해 식물의 어떤 특성을 선택할지 결정할 때마다 우리가 흔히 잡초라고 부르는 식물들은 인간의 기호에 대응하는 방식을 학습했다. 이 중 다른 종을 모방하는 데 성공해 모방한 종이 경작될 때 몰래 혜택을 누리는 식물들이 있다. 잘 알려진 예 중 하나는 '렌즈콩lens culinaris'과 유사한 '살갈퀴vicia sativca'다. 렌즈콩은 인류가 경작한 가장 오랜 작물 중 하나로 이미 1만 5,000년 전에 렌즈콩을 먹었다는 기록이 있고,

• 렌즈콩은 인간이 적응시킨 최초의 작물 중 하나다. 고고학 자료에 의하면 기원전 1만 3,000년에서 1만 년 사이에 섭취하기 시작했다.

그때부터 성경의 창세기 중 '에서Esaù'의 일화에서도 엿볼 수 있듯(창세기, 25장 29절~34절, 젊은 사냥꾼 에서가 렌즈콩 한 접시에 동생인 야곱에게 장자의 자리를 내준다) 지중해 지역에서 가장 많이 재배되는 곡물이었다.

살갈퀴는 렌즈콩과 동일한 토양과 기후 조건을 필요로 한다. 그래서 예전부터 렌즈콩 밭에서는 거의 어김없이 살갈퀴도 자라고 있었다. 그렇다고 문제가 될 것은 없었다. 살갈퀴의 씨앗은 둥근 모양으로 렌즈콩의 씨앗과 매우 달라서 쉽게 골라낼 수 있었다. 렌즈콩과 살갈퀴를 혼동할 가능성은 전혀 없었던 것이다. 살갈퀴는 분명 이런 식으로 버려지는 것이 달갑지 않았을 것이다. 그래서 살갈퀴는 수 세대를 거치면서 씨앗의 모양에 변화를 주었고 점점 더 렌즈콩과 비슷해졌다. 그리고 어느 시점부터는 형태와 크기, 색까지 너무 비슷해져서 쉽게 구분할 수 없는 정도가 됐다. 그렇게 해서 또 하나의 사업이 시작됐다. 렌즈콩과 비슷해지자 인간은 살갈퀴도 선택해 뒤로 빼돌려 재배했다. 그러니까 살갈퀴는 렌즈콩이라 속이고 재배와 관련한 모든 이익까지 챙길 수 있는 아주 수익성 좋은 수단이었던 것이다.

식물계에서만 가능한 이 독특한 모방을 '바빌로프 모방Vavilovian mimicry'이라 하는데, 이 분야를 처음 연구하고 식물의 모방으로 초래될 수 있는 잠재적인 결과를 밝힌 러시아의 유전학자이자 농경제학자인 니콜라이 이바노비치 바빌로프Nikolaj Ivanovič Vavilov, 1887-1943를 기념하기 위해 붙인 이름이다. 바빌로프에 관해서는 이미 『식물을 미치도록 사랑한 남자들Uomini che amano le piante』에서 기록한 바 있지만, 여기서도 다시 한 번 되새겨 볼 필요가 있는 과학자다. 재배식물의 기원과 지리적 연구에 대한 선구적인 글을 남긴 바빌로프는 재배종 확산의 중심지를 발견했을 뿐 아니라, 재배종 씨앗을 안전하게 보관

• 살갈퀴는 매우 흔히 볼 수 있는 사료로 렌즈콩과 비슷한 씨앗을 생산한다.

• 렌즈콩은 수백여 종이 있으며, 씨앗은 초록에서 갈색, 노란색, 오렌지색 등 다양하다.

해야 할 필요성을 주장했다. 아직도 상트페테르부르크에서 운영되고 있는 첫 종자은행이 설립된 후, 바빌로프의 개념은 스발바르Svalbard 섬의 세계 종자은행Global seed vault에서 매우 중요한 입지를 다지게 된다. 이 종자은행은 쌀이나 옥수수, 밀, 감자, 사과, 카사바, 타로, 코코넛 등 중요한 식물 종들의 전통적인 유전적 자산이 우발적인 사고로 유실되지 않도록 안전망을 설치하여 보존함으로써 유전자의 다양성을 보장하려는 목적을 지닌 기관이다. 바빌로프는 만약에 식물종이 멸종될 경우 최소한 일부라도 보존해야 한다고 판단하여 식물 종자의 씨앗을 보관했다. 지난 몇 개월 동안, 특히 시리아Siria에서 전쟁으로 황폐해진 지역에서 농업을 재개하기 위해 필요한 씨앗을 요청했을 때 그의 예상이 옳았고 얼마나 중요했는지 실감했

• 세계종자은행은 노르웨이의 스피츠버겐 제도Spitsbergen에 소재한다. 이 은행의 임무는 재배종의 전통적인 유전적 특징이 우발적으로 유실되지 않도록 안전망을 구축하여 보존하는 것이다.

다. 무엇보다 바빌로프는 유전학을 통해 재배식물을 개량하면 러시아의 일부 지역과 같은 매우 극단적인 기후 조건에서도 작물 생산이 가능할 수 있다고 부르짖는 열혈 유전학자였다.

농업학과 유전학의 거장 바빌로프는 스탈린Stalin의 명령으로 감옥에서 굶어 죽는 벌을 받았고 지금은 완전히 잊혔다. 그러나 아직도 정말 이해할 수 없는 일은 트로핌 데니소비치 리센코Trofim Denisovič Lysenko, 1898-1976가 현재는 심지어 연구에 종사하는 사람들 사이에서도 훨씬 더 유명하다는 점이다. 그는 과거에는 그다지 주목도 받지 못하고 유전학이 아무런 과학적 기반도 없는 그저 '부르주아'적인 이론일 뿐이라는 말도 안 되는 생각을 주장하던 끔찍한 가짜 과학자이자 바빌로프의 맞수였다. 뭐, 이것은 여담일 뿐이다.

어쨌든 바빌로프는 재배 식물을 비롯해 그와 관련된 활동에 대해서도 매우 많은 것을 알고 있었다. 그리고 인간이 식물의 독특한 성질을 따져 선택을 하면 다른 식물들의 모방 현상을 부추길 수 있으며, 우리가 생각하는 것처럼 그 결과가 항상 부정적인 것은 아니지만 어쨌든 예상이 불가능하다는 점을 처음으로 알린 사람이다. 사실 현재의 수많은 재배종들은 모방 능력 때문에 탄생한 것이다.

호밀Secale cereale을 예로 들어보자. 호밀은 재배가 되기 시작한 지 최소 3,000년은 된 종으로, 원래는 씨앗의 기본적인 특성이 유사한 밀과 보리의 잡초였던 곡물이다. 어떻게 잡초가 재배식물이 될 수 있는지 알려면 초창기 농부들에 대해 잠깐 살펴봐야 한다. 우리 선조들이(사냥과 수렵을 바탕으로 한 생활에서 조금씩 벗어나던 인류) 집에서 기를 식물을 찾으려 했을 때를 상상해 보자. 어떤 식물을 찾고자 했을까? 어떤 특성을 지닌 식물을 찾으려 했을까? 분명히 씨앗이 매우 큰 종을 골랐을 것이고, 이삭처럼 모으기 쉽고

• 호밀은 전형적인 온대 곡물이다. 약 3,000년 전 밀과 함께 터키에서 유입되면서 밀을 모방했다(바빌로프 모방).

열매 등에 많은 수가 들어 있으면 더 선호했을 것이다. 그리고 씨앗이 사방으로 흩어지는 식물은 땅에서 씨앗을 줍기가 너무 힘드니 당연히 달갑지 않았을 것이다. 인간이 사냥꾼에서 농부로 변신하는 과정은 길고 힘들었고 실수와 성찰로 가득했다. 밀이나 보리 같은 작물이 씨앗도 크고 이삭도 주워 담기 좋아서 초기 농부들의 조건에 완벽하게 맞아 최초의 재배 작물로 선택되었을 것이다. 그러나 인간은 이 영광스러운 작물 외에도 무엇인지도 모른 채 아주 무시무시한 잡초도 선택했다.

이때부터 잡초라는 그다지 부럽지 않은 역할로 호밀의 역사기 시작된다. 현재 우리가 아는 호밀의 조상은 전형적인 바빌로프 모방의 한 예다. 호밀은 밀, 보리와 매우 비슷해서 비옥한 초승달 지대의 고대 주민들이 이를 구분하느라 꽤나 애를 먹었고, 침입자인 호밀을 골라내 가며 신중하게 종자심기를 해야 했다. 그런데 이것이 결코 쉬운 일이 아니었다. 간단히 말해 호밀이 주요 잡초가 된 것이다. 그리고 밀과 보리의 경작이 점점 더 북쪽과 동쪽, 서쪽 지역으로 확대되자 호밀도 이 정벌 여행에 동참해(인간은 초효율적인 벡터라는 점을 잊지 말자) 자신의 분포 영역을 넓혔다. 그렇게 해서 겨울에 더 춥고 토양은 더 척박한 곳에 도착한 호밀은 야성적인 특성을 이용해 밀이나 보리보다 품질도 좋고 더 많은 양의 곡식을 생산했고, 순식간에 두 곡물의 자리를 대신하게 됐다. 호밀이 모든 효율성을 갖춘 재배 식물이 된 것이다.

호밀의 경우 모방의 역사가 해피엔딩으로 끝났지만, 다른 수많은 식물은 그렇지가 않다. 농업용 제초제의 사용량이 점점 더 많아지자 수많은 종류의 식물이 이에 맞춰 제초 성분에 대한 내성을 보이는 현상이 나타나고 있다. 지난 몇 십 년간 제초제의 사용이 기하급수적으로 증가했다. 그리고 '생리학적'이라고 정의할 수 있는 이러한 증가와 더불어, 글리포세이트

• 아마란스는 중미 지역에서 자라는 식물이다. 아마란스의 씨앗은 식용 가능하고 곡물과 비슷하게 생겼다.

gyphosate와 같은 일부 제초제는 병적인 증가 현상을 보였는데, 일부는 제초제의 작용에 견딜 수 있도록 유전자를 변형한 식물의 재배를 도입했기 때문이다. 이러한 내성에 관한 예를 들자면, 글리포세이트는 유전자 변형 식물에 아무런 영향을 끼치지 않기 때문에 농부들이 무분별하게 사용할 수 있다. 그렇다면 주요 작물이 보호돼 아무런 손상을 입지 않고, 성가신 '잡초'가 모조리 제거될 때까지 제초제의 사용량을 늘리는 일이 왜 문제가 될까? 이런 제초제의 사용에 대한 자료를 다시 한 번 살펴보면 불안감이 생길 것이다. 지난 1974년 미국에서만 사용된 농업용 글리포세이트의 양이

360만 킬로그램이었고 2014년에는 1억 1,340킬로그램이었다. 불과 40년 만에 제초제의 사용량이 3백 배 이상 증가한 것이다!

잡초에 가하는 이 어마어마한 화학적 압력은 일반적으로 주요 작물과 관련된 종들의 내성도 진화하게 만들었다. 다시 말해, 앞에서 내가 이미 힌트를 준 것처럼, 현재 미국에서 '간이삭비름(Amaranthus palmeri, 이 또한 식용 가능한 곡물이지만 잡초라 농부들에게는 인기가 없다)'과 같이 글리포세이트에 대한 완벽한 내성을 가진 개체들이 존재하기 시작한 것이다. 옥수수나 콩 농장에서 이러한 곡물의 확산이 심각한 문제가 되었고, 이를 퇴치하기 위해 더 많은 양의 글리포세이트를 다른 제초제와 혼합하여 사용하고 있다.

그리고 이렇게 저항력이 생긴 잡초들이 사방에서 증가하고 있다. 사실 나는 이런 일이 전혀 거슬리지 않는다. 나는 원래 잡초를 사랑했고 다른 사람들은 원하지 않는 그들의 생존력이 지능과 적응력이라는 생각에 항상 호감을 갖고 있다. 그러나 어떤 경우든 이러한 내성 있는 식물의 확산에 제초제의 살포로 맞설 것이 아니라(이렇게 되면 농업 생태계 보존의 가능성이 모두 사라진다), 조금 더 환경을 배려한 기술을 이용해야 한다. 가능하면 그 식물들과 공생할 방법을 연구해야 한다. 다시 말하지만, 나는 호밀처럼 유용해진 식물도, 다른 대부분의 잡초처럼 사람들을 성가시게 하는 식물도 사랑한다. 그리고 우리가 잡초의 번식을 막으려 하는 동안 환경에 입히는 손상이 잡초가 우리의 농사에 끼칠 피해보다 훨씬 더 오래 남게 될 것이라는 점을 기억해야 한다. 나는 우리가 환경에 끼친 피해는 영원히 지속되리라 생각한다.

IV

근육 없는 움직임의 메커니즘을 밝히다

의식은 변화를 통해서만 볼 수 있고, 변화는 움직임을 통해서만 가능하다.

_ 올더스 헉슬리, 『보기의 기술』

나는 움직인다, 고로 존재한다.

_ 하루키 무라카미, 『1Q84』

• (pp. 86-87) 서양민들레는 국화에 속하는 매우 흔한 종으로, 고대부터 약용으로 효과가 있는 것으로 알려진 식물이다. 소피오네, 사자의 이빨, 개의 이빨, 인그라싸포르치, 피쉬알레토, 초원의 해바라기 등 다양한 이름을 갖고 있을 정도로 널리 확산돼 있다.

그래도 움직인다!

1896년에 '타임랩스time lapse, 스톱 모션stop motion', 혹은 '간헐 촬영(몇 시간, 며칠에 거쳐, 때에 따라서는 수개월에서 수년간 실시간으로 촬영한 장면을 몇 초나 몇 분 동안 볼 수 있는 환상적인 사진-영상 기술)'에 대한 이야기를 했다면 정말 공상과학 같았을 것이다. 1895년 12월 28일 파리의 카퓌신 거리 14가에서 서른세 명의 관객 앞에서 뤼미에르 형제(형 '오귀스트Auguste'와 동생 '루이Luois')가 기획한 영화가 상영된 지 몇 개월이 채 지나지 않아 이것이 새로운 형태의 유흥문화가 될 가능성이 엿보이기 시작했다.

그런데 식물학자 빌헬름 프리드리히 필립 페퍼Wilhelm Friedrich Philipp Pfeffer, 1845-1920가 처음으로 타임랩스 필름을 제작한 것이 바로 1896년, 영화가 공식적으로 발명품으로 인정받은 지 고작 몇 개월 지난 후였다. 당시 페퍼는 이미 과학자로서 충분한 내공이 쌓인 상태였다. 게다가 이 기술의 개발에 이미 수년 전부터 매달려 있었다. 페퍼가 식물학 연구에 뛰어들었을 때 그는 역사에 남을 최초의 실험 영상 제작에 가담하는 기회도 얻었다. 이 영상이 바로 1878년 에드워드 머이브리지 감독이 제작한 그 유명한 「움직이는 말」이다. 이때부터 식물의 움직임을 명확하게 밝히고 누가 봐도 식물의 움직임이 아름답고 의미 있다는 것을 알 수 있도록 가속화하며, 무엇보

• 1878년 머이브리지가 촬영한 움직이는 말. 25분의 1초에 해당하는 이미지 시퀀스다.

다 식물 행동의 최종적인 결과를 연구할 수 있게 만드는 일이 페퍼의 진정한 소명이 됐다. 이 소명은 젊은 시절 유명 학자인 뷔르츠부르크Würzburg 대학의 율리우스 폰 작스Julius von Sachs, 1832-1897 교수의 조교를 지내면서 뿌리의 굴지적 이동(즉, 중력에 대응한 움직임)에 관한 연구에 참여한 시기에 생긴 관심과 관련이 있었다.

이 연구들은 그의 스승인 작스와 찰스 다윈 사이의 논쟁과 과학적 비판 때문에 그의 몫으로 돌아갔다. 그러나 그의 실험들이 작스가 아닌 다윈에게 명분을 제공한 탓에 독일에서 자신의 연구를 계속할 가망이 매우 희박해지고 말았다. 그 시절에도 권위 있는 스승에게 반박을 하면 대학에서 경력을 쌓기가 확실히 쉽지 않았다. 결국 작스 교수의 비방으로 의문에 빠진 연구가로서의 입지를 다시 다져야 했던 페퍼는 영화에서 가능성을 찾을 수 있을 거라 판단하고 촬영 기술을 식물의 움직임을 연구하는 수단으로 변모시킬 방법을 생각하기 시작했다.

수 세기 동안 생물학자와 식물학자들은 온갖 수단을 동원해 '동물'과 '식물'의 명목상 구분의 가치를 지키려 하고, 빠른 움직임을 보이는 식물을 '비정상', 혹은 '예외적인 변이'라고 정의하면서 식물의 행동 양식을 개념화해야 할 필요성을 애써 외면했다. 학자들은 심지어 동물계와 가깝다는 점을 강조하기 위해 움직임을 보이는 식물을 '동포자zoospore'라 부르기도 했다.

현재까지도 미모사 같은 식물의 빠른 움직임을 처음 마주한 사람이 놀라움과 흥미를 느끼는 것 자체가 부동성을 식물과 동물을 구분하는 기본적인 특징이라 확신하는 증거다.

식물의 운동 능력을 온 세상에 명확히 하려는 페퍼의 시도는 과학 역사상 최초로 성공을 거둔 예였다. 실제로 뤼미에르 형제가 최초의 영화 상영을 하고 몇 개월 지나지 않았을 때 페퍼는 관객석에 앉은 식물학자들에게 이 엄청난 신기술의 적용에 대해 소개할 준비가 되어 있었다. 역사상 최초로 움직이는 식물을 보고 그 움직임을, 즉 식물의 행동 양식을 연구할 수 있게 된 것이다. 동료들의 놀란 얼굴 앞에서 독일인 식물학자 페퍼는 튤립의 개화와 미모사의 주간 움직임 및 '수면운동(nyctinasty, 식물의 수면)', '무초(Desmodium gyrans, 혹은 Codariocalyx motorius)'의 지속적인 움직임, 그리고 마지막으로 가장 드러내기 어려운 희귀 진주를 차례로 선보였다. 진주의 경우 성장과 탐험을 위한 이동 모습이 흙 속의 나무뿌리에서 개미나 지렁이가 보이는 지하 생활과 매우 유사하다.

페퍼 덕분에 과학자 세대들의 꿈이(기원전 4세기에 이미 알렉산드로 대왕의

• 무초는 아시아의 열대 지역에 매우 흔한 콩과 식물이다. 무초의 특징은 측면의 잎들이 우리가 육안으로 확인할 수 있을 만큼 상당히 빠른 속도로 움직이는 것이다. 이러한 운동의 기능은 아직 밝혀지지 않았다.

장교인 안드로스텐Androstene이 나뭇잎이 낮과 밤 사이에 움직일 수 있다고 언급한 바 있다) 드디어 현실이 되기 시작했다. 타임랩스의 발명으로 페퍼는 식물학자들에게 당시까지 전무하던 것을 볼 수 있는 도구를 선물할 수 있었다. 한스 리퍼시Hans Lippershey의 망원경이(망원경을 발명한 것은 갈릴레오가 아니다) 한없이 먼 우주를 연구할 수 있게 해 주고 자카리아스 얀센Zacharias Janssen의 현미경이 한없이 작은 것을 관찰할 수 있게 해 준 것처럼, 빌헬름 페퍼의 새로운 영상 촬영 기술은 한없이 느린 것을 연구할 수 있게 해 주었다.

이처럼 새로운 차원의 현실에 접근하면 당연히 어떤 결과를 낳기 마련이다. 당시까지 살아있는 생명체라기보다는 사물이라는 인식이 많았던 식물이(정확히 말하면 지구상의 거의 모든 생명체를 사물로 봤다) 신비의 베일을 벗고 걷잡을 수 없이 다양한 그들의 움직임을 드러내기 시작했다. 사람들의 일반적인 인식을 깨는 진정한 혁명이었다. 그때까지 장미 덤불이나 참피나무를 생명이 없는, 그저 미적인 즐거움을 주는 사물로 보던 사람들이 식물에 관심을 갖고 전에 없던 존중까지 내비치기 시작했다. 19세기 말부터 제1차 세계대전 사이에 굴성(자극이 가해지는 방향에 의존하는 운동)과 경성운동(외부 자극과 무관한 운동), 식물의 움직임과 습성, 인지능력에 대한 연구가 무수히 많아진 것이 우연은 아닐 것이다. 이러한 연구들은 1908년 9월 2일 프랜시스 다윈 경이 영국 과학발전협의회 연례 회의에서 낭독한 첫 보고서를 통해 절정에 오르게 된다. 최초의 식물생리학 교수이자 위대한 식물학자 찰스 다윈의 아들인 프랜시스 다윈은 보고서 낭독 중에 확실한 조건은 내세우지 못했지만 식물이 동물과 다른 방식으로 지능을 갖춘 유기체라는 점을 밝혔다.

현재 우리가 식물의 다양한 유형의 움직임에 대해 해박한 논의를 하고 이 움직임이 능동적인지, 수동적인지를 구분하며, 근육이 없는데도 움직일 수 있는 메커니즘을 파악할 수 있게 된 것은 페퍼의 천재성 덕분이다. 이러한 연구는 특히 신소재 생산과 관련한 과학기술의 앞날에 중요한 결과를 초래할 수 있는 중요한 문제다.

솔방울과 귀리 쭉정이

식물은 내부 에너지를 소모해야 하는 능동적인 움직임과 내부 에너지를 소모할 필요 없이 환경에 존재하는 에너지를 이용하는 수동적인 움직임을 보인다. 예를 들어 수많은 식물 유기체들은 어느 정도 복잡한 작용에 낮과 밤의 습도차를 이용한다. 일반적으로 식물의 모든 움직임에서 공통적으로 중요한 부분은, 앞에서 이미 언급한 것처럼, 근육과 같은 복잡한 단백질 조직의 기능을 바탕으로 하지 않고, 조직을 드나드는 액체 및 기체 형태의 간단한 수분 운송을 바탕으로 한

'수력'이다.

'능동적 운동'이라는 움직임에서 동력의 생성은 세포 팽창 중에 일어난 변화의 직접적인 결과이며, 이 세포 팽창은 세포막을 통한 물의 삼투압 흐름에 의해 발생한다. 실제로 물이 용질의 농도차로 인해 세포 안으로 들어가면서 세포에 막을 미는 압력이 증가하여 기관에 외력을 가함으로써 운동을 유도한다. 식물은 세포 용질의 농도를 능동적으로 조절함으로써 기공의 개폐와 개화를 통제할 수 있다. 미모사가 잎을 닫거나 파리지옥(Dionea muscipula, 디오네아dionea는 아프로디테의 수많은 별명 중 하나다)의 덫이 순간적으로 움직이는 것도 이러한 원리다.

반면 '수동적 운동'은 세포벽의 일부 구성 요소의 흡습성 변화로 발생한다. 세포벽은 전형적인 식물 세포의 구성 요소로, '엽록체(광합성 과정을 담당하는 작은 세포 기관)'와 함께 식물의 트레이드마크라고 할 수 있다. 동물 세

• 전자 현미경으로 본 토마토의 기공 모습. 이 기공을 통해 광합성에 필요한 이산화탄소가 식물로 들어간다.

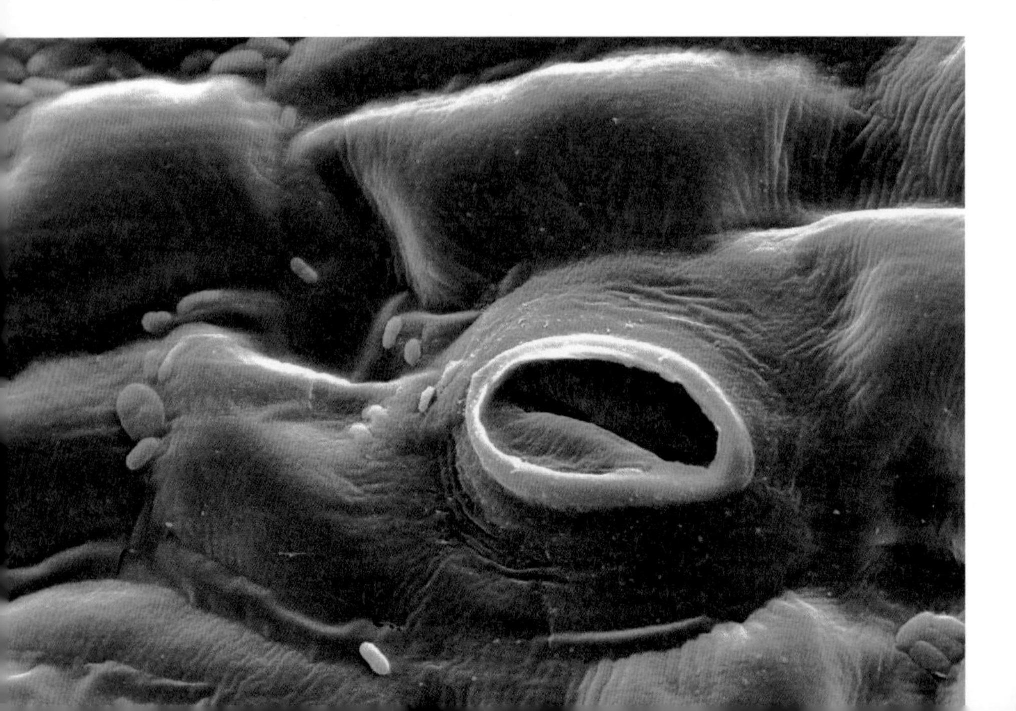

• 파리지옥은 캐롤라이나(미국)의 늪지대에 서식하는 육식식물이다.

포에는 이와 같은 견고한 조직이 전혀 없다. 세포벽은 식물의 골조가 되고 형태를 유지하는 강성rigidity과 힘을 부여하는 구조적 구성 요소이며, 구조화된 다당류와 헤미셀룰로오스, 용해 단백질 및 기타 성분으로 이루어진 유연한 모체 속에 들어 있는 셀룰로오스 섬유로 이루어져 있다. 이 부드러운 모체가 물 분자와 결합할 때 가역 방식으로 확장이 되는데, 이러한 작용에 의해 솔방울이 벌어지고 등나무의 깍지가 폭발하듯 부화하며 '세열유럽쥐손이Erodium cicutarium'의 씨앗이나 야생 귀리가 땅 위에서 움직이는 것이다.

이에 관해 의문이나 궁금한 것은 매우 잘 알려진 구체적인 사례를 통해 수동적 운동이 어떻게 작용하는지 자세하게 살펴볼 수 있다. 솔방울(침엽수의 번식 조직을 가진 기관으로 학명은 '코니퍼콘conifer cone'이다)의 경우 죽은 조직들을 이용해 결코 간단치 않은 일을 한다. 예를 들어 건조한 환경에서는 나무의 비늘을 열고, 반대로 대기 중의 습도가 높을 때는 닫는다. 비 오는 날 솔방울을 관찰해 보면 어떤 모습일까? 여러분 중에 혹시 본 사람이 있다면, 비가 올 때는 비늘이 굳게 닫혀 씨앗이 밖으로 빠져나가지 못하게 하고, 화창한 날에는 활짝 펼쳐져 자유롭게 빠져나가게 한다는 것을 볼 수 있었을 것이다. 실제로 습하거나 비가 오는 날은 씨앗이 모체와 매우 가까운 곳에 떨어져 멀리까지 흩어지지 않는 것을 보면 솔방울이 전략적으로 움직인다는 것을 확인할 수 있다.

그런데 겉보기에는 단순하지만 실상은 믿을 수 없을 정도로 복잡한 (생각해 보면 내부 에너지를 전혀 사용하지 않는 죽은 조직에서 이루어지는 움직임이다) 이 움직임은 어떻게 작용하는 것일까? 이 움직임의 기술은 비늘의 특성에

• 솔방울(혹은 코니퍼콘)은 목질 포엽bract 형태로, 내부에 겉씨식물의 씨앗이 들어 있다. 소나무에서 이 포엽은 피보나치수열에 따라 나선형으로 배열되어 있다.

있다. 각 비늘은 육안으로는 구분할 수 없지만 두 가지 조직으로 이루어져 있고, 현미경으로 자세히 관찰해야 서로의 차이점을 발견할 수 있다. 비늘의 내부 표면은 다 함께 그룹화된 '삼투막 섬유질'로 구성되어 미세한 구멍을 형성하는 반면, 외부 표면은 더 크지만 길이는 짧은 '후막세포'로 이루어져 있다. 이 두 가지는 물에 대한 친화력이 서로 다르며 흡습성도 차이가 있다. 1997년 콜린 도슨Colin Dawson과 줄리안 빈센트Julian F.V. Vincent, 안네 마리 로카Anne-Marie Rocca가 발견한 바에 의하면, 23°C에서 습도가 1퍼센트 변화할 때 후막세포가 삼투막 섬유질보다 33퍼센트 정도 더 크게 변화한다. 여기서 전체적인 베일이 벗겨진다. 이 섬유질에서 물이 흡수되거나 빠져나갈 때, 조직이 불규칙적으로 팽창 및 수축되어 솔방울이 눈으로 확인이 가능할 만큼 크게 열리고 닫히는 것이다.

이러한 현상은 실험실에서도 간단히 재현할 수 있어서(사실 집에서도 가능하다. 펼쳐진 솔방울을 물에 담그면 같은 결과를 볼 수 있다), 이와 관련된 수많은 연구들이 쏟아져 나왔고, 이 중 대부분은 흡입에 의한 움직임에 대한 연구로 이와 동일한 작용이 일어나는 인공 물질까지 고안되었다. 주변의 습도 차만 이용해 움직일 수 있는 물질로 얼마나 많은 응용이 가능할지 상상이 되는가? 지난 2013년 밍밍마Mingming Ma 박사와 MIT의 협력자 몇 명이 환경과 물을 교환하여 빠른 팽창과 수축 현상으로 운동을 발생시킬 수 있는 고분자 필름을 개발했다. 이 필름은 압력을 27메가파스칼megapascal까지 발생시켜 필름 자체의 무게보다 380배 무거운 물건을 들어 올릴 수 있다. 또한 과학자들은 이 작동기를 압전piezoelectric 장치에 연결하여 마이크로 및 나노 전자장치에 에너지를 공급할 수 있는, 약 1볼트의 피크 전압 전기 에너지를 생산할 수 있었다. 이 또한 온전히 습도 차만 이용한 것이었다.

이 원리의 이용 가능성은 무궁무진하고, 매우 다양한 장치에 에너지를 공급할 수도 있다. 예를 들어, 우리는 요즘 자체적으로 에너지를 생산하여 나무의 전기적 활동을 모니터링하는 아날로그 시스템을 개발중이다. 그 외에도 우리가 입는 옷이나 카펫, 그 밖에 다양한 소재의 천에서도 이러한 유형의 시스템은(앞에서도 말했지만 아주 미세한 규모의 시스템이다) 에너지를 자급하여 에너지 소모가 그리 많지 않은 어떤 센서나 장치도 작동시킬 수 있다. 예를 들어 우리 몸과 접촉하여 매우 중요한 임상 데이터를 측정할 수 있는 직물과, 환경 지수나 스트레스 등급을 비롯해 뇌에서 느끼는 것들을 측정할 수 있는 섬유 등을 떠올려 볼 수 있다. 이 모든 것이 조만간 현실이 될 것이고, 이러한 진보를 가능하게 만들어 줄 기술과 소재의 일부는 분명 식물의 작용에서 영감을 얻을 것이다.

물론 식물의 수동적 운동의 잠재력은 여기서 끝이 아니다. 한 가지만 더 언급하자면, '쭉정이(여러 벼과 곡물 이삭의 가늘고 긴 전형적인 섬유)'도 습도의 변화에 반응한다. 몇 종류의 귀리는(시골이나 길가에 방치된 곳에서 아주 흔하게 볼 수 있는 종) 이러한 섬유가 대기 중 수분의 양에 따라 비틀어지는 특성을 지니고 있다. 그리고 오랫동안 식물의 이러한 특성이 습도계 제작에 이용되었고 상당히 정확했다. 우리도 직접 습도계를 만들어 보면, 공기 중의 습도만으로 어떻게 눈에 띄는 움직임이 유도되는지 알 수 있다. 간단한 방법은 이삭의 중앙에 나선형으로 감싸여 있는 부분을 준비해서 양끝 중 한쪽을 원반의 중앙에 고정하고 눈금을 표시한 다음, 나머지 한쪽 끝에는 브러시나 표시기의 기능을 할 단단하고 가벼운 물건을 부착하는 것이다. 그 다음에 유리로 전체를 덮기만 하면 엄청난 능력을 지닌 천연 습도계가 준비된다. 이 습도계의 유일한 단점은 이삭의 보존에 있는데, 사실상 시간적으로 한계가 있기 때문에 가끔 교체해야 한다.

• '귀리' 속에는 유럽과 아프리카, 아시아에서 서식하는 수많은 종이 포함된다. 이 중 일부는 수천 년 동안 인간과 동물의 식량원으로 재배되었다.

매우 능동적인 씨앗, 세열유럽쥐손이

내 생각에 우리가 식물계에서 발견할 수 있는 모든 수동적인 움직임 중(이 중에는 정말 기괴한 것도 있다) 그 어떤 것도 세열유럽쥐손이의 씨앗만큼 흥미와 호기심을 불러일으키는 것은 없다. 세열유럽쥐손이의 씨앗들은 모체에서 터져 나와 지나가는 동물의 털로 옮겨 갔다가 땅으로 떨어져 갈라진 틈을 발견하면 그 속으로 들어간다. 이것은 내부 에너지를 갖고 있는 기관에서도 일어나기 힘들고, 특히 죽은 조직에서는 상상도 할 수 없는 정말 희귀한 과정이다.

세열유럽쥐손이는 베란다에 많이 심는 제라늄Geraniaceae과 같은 과의 작고 예쁜 식물로, 세계 여러 지역에서 자생한다. 이 식물의 학명은 헤론(고대 그리스어로 '에로디오스erodiòs')의 부리를 연상시키고 열매와 잎의 모양이 독미나리와 비슷하게 생겼다. 실제로 이 과에 속하는 다른 속의 식물들도 황새의 부리를 떠올리는 이름을 갖고 있다. '제라늄'이라는 용어도 그리스어의 '제라노스(géranos, 학)'에서 유래되었으며, '펠라르고늄(Pelargonium, 정확히는 같은 과의 속의 명칭)'은 황새를 뜻하는 그리스어 '펠라르고스pelargòs'에서 온 것이다.

이제 다시 우리의 세열유럽쥐손이 이야기로 돌아오자. 이 식물은 꽃잎이 다섯 장인 자주색 꽃을 피우고 상당히 많이 확산된 한해살이 식물이다. 세열유럽쥐손이의 가장 두드러지는 특성은 두말할 여지없이 씨앗에 있다. 이 식물은 털이 나고 작살의 끝처럼 뾰족한 진짜 씨앗(수과, achene)과 나선형으로 꼬인 이삭으로 이루어져 있으며, 이 이삭도 털로 뒤덮여 있다. 이 모든 요소들이 놀라운 움직임이 발생하는 동안 각자 특별한 기능을 한다.

내가 세열유럽쥐손이에 관심을 두게 된 것은 얼마 전, 내 연구실의 여

• 세열유럽쥐손이는 지중해 분지에서 자라는 1년, 혹은 2년생 초본식물이다.

성 연구가들 중 카밀라 판돌피Camilla Pandolfi가 몇 년간 유럽우주국Esa으로 파견 근무를 가게 됐을 때였다. 선진콘셉트팀 아리아드나 사업이라는 전도유망하고 매력적인 이름의 이 사업은 Esa와 우주 기술에 대한 선진 연구에 관심이 있던 유럽학술공동체의 중재 역할을 해야 했다. 사실 선진콘셉트팀은 우리에게 큰 감동을 주었다. 그래서 카밀라가 나를 찾아와 이 연구센터로 옮길 수 있는데 어떻게 생각하느냐고 물었을 때 전혀 주저하지 않고 가야 한다고 답했다. 그것도 당장 말이다. 그렇게 전망 좋은 연구 센터에서의 2년은 훌륭한 경력이 됐을 것이다. 한편 우리 연구소는 몇 년째 중력이 없는 상태에서 식물의 행동을 연구하고 있었고, 지금도 다양한 우주 관련 기관들과 활발하게 협력하고 있다. 카밀라는 Esa에서도 집처럼 편히 지냈을 것이다.

어쨌든 카밀라는 네덜란드의 노르트베이크Noordwijk에 소재한 Esa의 중앙연구개발센터로 옮겼다. 암스테르담에서 몇 십 킬로미터 거리에 있는 이곳에서 그녀의 임무는 기대 이상으로 흥미로웠다. 식물계의 물질이나 작용, 전략의 예를 연구하고, 이러한 연구를 통해 우주 기술의 진보를 위한 새로운 전망을 제시해야 했다. 매력적인 작업이지만 막상 처음 대면할 때는 실현 불가능해 보이기도 했다. 우주 탐험이라는 테마에서 식물로부터 무엇을 배운단 말인가? 언뜻 생각하면 아무것도 없다. 그러나 식물은 수많은 해결방법의 원천이다. 카밀라는 이직한 지 얼마 되지 않아 흥미로운 혁신을 일으킬 만한 몇 가지 추론을 확인했다. 이 중 인공적인 포착 기관의 모델인 덩굴손에 관한 연구와 소량의 에너지를 사용하거나 에너지를 전혀 사용하지 않고 외계 토양 내에 침투하여 탐험할 수 있는 탐지기 제작을 위해 쥐손이의 씨앗을 모델로 한 연구, 이 두 가지는 우리에게도 매우 중요한 것이었다.

물론 여러분도 패스파인더Pathfinder나 스피리트Spirit, 오퍼튜니티Opportunity, 큐리어시티Curiosity와 같이 최근 화성 탐사에 초빙된 로봇들의 이름을 기억할 것이다. 가장 최근의 예를 들자면 지난 2014년 11월 12일 67P/추류모프-게라시멘코Churyumov-Gerasimenko 혜성 표면에 내려앉은 '착륙선' 필레Philae도 있다. 이 모든 로봇을 이용해 지면에 구멍을 뚫고 특정한 깊이에서 추출한 샘플을 분석하는 일이 카밀라가 맡은 임무의 주요 목표였다. 사실 지표면층 아래에 냉결된 형태의 물을 찾거나 토양의 화학적 구성이나 미세한 크기의 생명체의 존재 가능성을 연구하기 위해 전 세계 모든 우주 관련 기관은 탐사 중 천체에 구멍을 뚫는 특권을 누릴 수 있다. 이제 우주로 어떤 장치를 보내려면 수천 가지 안전 규격을 만족해야 하는데, 무엇보다 기본적인 두 가지 조건을 갖추어야 한다. 첫 번째는 가능한 무게

• 봄에는 '세열유럽쥐손이'의 씨앗이 숙성되는 중에 열매의 형태가 변화되면서 팽창되어 폭발적으로 밖으로 쏟아져 나온다.

가 덜 나가야 한다는 것이고 두 번째는 최소량의 에너지를 소모해야 한다는 것이다. 무게와 에너지는 모든 우주 기술에서 초월할 수 없는 규격이다. 그래서 가벼운 구조와 자율적으로 이동해 땅 속으로 침투할 수 있는 능력을 지닌 쥐손이가 Esa에서 중요한 연구 분야가 된 것이다. 이 작은 씨앗을 움직이게 해 줄 방법을 만들어 낸다면 어떻게 될지 한 번 생각해 보자.

다른 식물들처럼 쥐손이도 되도록 방대한 표면에 씨앗을 뿌려야 한다. 설명하자면, 모체 식물이 자신의 주변에 자손(씨앗)을 두고자 하는 의도가 전혀 없는 것이다. 오히려 자손들이 자신으로부터 멀리 가도록 온갖 작전을 실행한다. 이는 진화론적으로 중요한 의미를 지닌 선택이라는 근거가 상당히 많으며, 특히 라이벌(씨앗 형제들)들이 가까이에서 경쟁 관계에 놓인 채 성장하지 않게 하려는 의도가 담겨 있다.

이렇게 식물은 자신의 씨앗을 뿌리고 이 씨앗들의 생존 가능성을 최대한 보장할 수백 가지 방법을 개발했다. 쥐손이의 경우 모든 것은 폭발적인 움직임에서 시작된다. 씨앗들은 용수철이 뭉쳐 있을 때처럼 역학적 에너지를 축적하는 방식으로 뭉쳐 있다. 이 에너지가 계속 증가하다가, 벌레의 가벼운 접촉 등으로 균형이 깨지면 그 즉시 씨앗들이 폭발적으로 방출된다. 이 씨앗들은 새총을 쏜 듯 수 미터 떨어진 곳까지도 날아간다. 이 비행으로 동물의 털에 붙으면 모체 식물과 수 킬로미터 떨어진 곳에도 갈 수 있게 된다.

씨앗이 바닥에 떨어지면 이때부터 새로운 모험이 시작된다. 씨앗의 긴 쭉정이가(정자와 매우 비슷하게 생겼다) 공기의 습도에 따라 둥글게 말리기 시작한다. 이미 갖고 있는 털들이 이동을 돕고, 씨앗이 지면에 아주 작은 틈이라도 찾아내면 곧바로 머리 부분이 밑으로 가도록 정확한 위치를 잡아 준다. 이때, 작살 모양의 끝부분이 틈으로 들어가면 낮과 밤의 습도 변화로 인한 순환이 씨앗이 땅 속으로 침투되는 데 필요한 추진력을 공급한다. 쭉정이를 구성하고 있는 나선들이 둥글게 말리면서 씨앗을 더 깊은 곳으로 밀어 넣고, 끝부분의 형태로 인해 이러한 침투 활동이 계속 지속되고 쭉정이는 말리거나 풀리게 된다. 그러면 며칠 지나지 않아(즉 단 몇 회의 낮/밤 주기가 지난 후) 씨앗은 수 센티미터 깊이의 땅 속에 자리를 잡은 후 싹을 틔워 새로운 식물로 발달할 준비를 한다.

이제 여러분은 쥐손이 씨앗의 특별한 능력을 알게 됐으니, 카밀라와 선진콘셉트팀 동료들을 통해 진행한 연구들이 거의 1년이나 걸린 이유가 이 놀라운 식물이 드러내는 능력과 전략을 가능한 한 모두, 상세하게 조사했기 때문이라는 것을 짐작할 수 있을 것이다. 미래에 아무 장비 없이 행성을 탐사하는 미션에 사용할 자가매몰탐지기 제작 중 전력 연구를 위해, 달이나 화성, 혹은 소행성에서 찾아볼 수 있는 역학적 특성을 이용해 다양한 지면에 침투하는 씨앗의 능력을 평가했다.

식물의 움직임을 다양하게 연구하려면, 수많은 영상 촬영 기술을 이용해야 했다. 쥐손이의 경우 느린 움직임도 있기 때문에 이 장의 앞부분에서 언급한 페퍼가 발명한 촬영 기술도 필요하고, 아주 빠른 움직임에 대한 자세한 연구는 기본적으로 영상의 속도를 늦춰야 한다. 다시 말해 지면으로 파고드는 동작 등의 느린 움직임에 대해 분석하려면 낮과 밤의 습도 변화에 따른 선회 주기를 관찰하기 적합한 타임랩스 기술이 필요하다. 한편 씨앗이 폭발적으로 분출하는 단계나 지면에 안착하는 단계의 연구에는 고속 영상 장비가 필요했다.

이 연구는 결코 쉬운 일이 아니었다. 연구실에서 우리는 타임랩스 기술의 전문가였지만, 씨앗의 폭발이나 비행과 같이 빠른 움직임은 어떻게 촬영을 해야 할지 전혀 몰랐다. 이런 촬영에는 타임랩스와는 아주 다른 장비와 기술이 필요했기 때문에 촬영 방법을 파악하기까지 시간이 조금 걸렸다. 무엇보다 폭발의 순간을 촬영할 '실용적'인 방법을 찾지 못하고, '비실용적'인 방법들만(우리가 실험한 원시적인 방법들과 연구실을 방문한 사람들 모두 우리에게 충고를 해야겠다는 의무감을 느끼게 만든, 거의 그림그리기에 가까운 방법들) 너무 많이 알고 있었다. 문제는 씨앗의 폭발을 한두 번만 촬영해서는 안 된다는 것이었다. 다양한 습도와 온도 조건과, 외계에 존재 가능한 토양을 모방한 다양한 지면에서 말 그대로 수천 번 촬영을 할 수 있어야 했다. 모든 실험 조건이 준비되었을 때 씨앗이 '명령에 따라' 분출하게 할 수 있는 시스템도 필요했다.

한 달이 넘도록 촬영을 시작할 효율적인 방법을 전혀 찾지 못한 채 식물이 '폭발'할 때를 하염없이 기다렸다. 초당 천 프레임에 HD 해상도로 촬영을 하다 보니, 단 몇 분짜리 영상이어도 수집한 자료의 용량이 엄청났다(초당 수십 기가바이트). 우리에게는 긴 녹화 시간을 수용할 수 있는 충분한 용량의 장비도 전혀 없었다! 간단히 말해 우리는 곤경에 빠져 있었던 것이다. 한 달간 우리는 몇 번 안 되는 씨앗 폭발밖에 건지지 못했고 연구 진행 방법에 대한 아이디어는 여전히 부족했다. 그러던 중 결국 행운의 날이 오고야 말았고, 우리 연구실을 방문한 어느 중학생 소년의 옷에서 우연히(우연이라기보다 운 좋게라는 표현이 더 적합하겠다) 해결 방법을 찾았다. 원래 Linv의 모든 방문객은, 어린 학생이든 연세 많은 분들이든, 입장 전에 연구실에서 아무것도 만지면 안 된다는 규정을 엄수해야 한다는 지침을 읽어야 한다. 민감한 장비나 진행 중인 실험에 손상을 입힐 수도 있고 방문객들이 다칠 수도 있기 때문에 이 절대적인 금지 규정이 필요하다. 그런데 운 좋게 그날 어느 학생이 이 규정을 어긴 것이다.

소년이 우리가 쥐손이 실험에 사용하던 장비 근처에 왔을 때, 내 동료 한 명이 이 식물의 특성에 대해 설명하고 있었다. 소년은 '아, 쥐손이 짱이네요!'라며 감탄했다. 그러고는 주머니에서 가느다란 나무 막대기를 꺼내 아직 줄기에 달려 있는 씨앗을 건드렸다. 그런데 막대기가 닿은 부분이 아주 특별한 지점이라 곧바로 씨앗이 분출되었다. 바로 씨앗들의 교차지점이었던 것이다. 학생들을 인솔하던 여교사가 규정을 어긴 학생을 대신해 사과를 하면서 본보기로 처벌을 하겠다고 약속했지만, 나는 그 학생의 작은 행동이 낳은 결과에 주목했다. 그 어린 학생은 피렌체에서 그리 멀지 않은, 야생풀이 많은 지역에서 태어나 초원에서 뛰어 놀면서 자랐기에 어떻게 해야 씨앗이 터져 나오는지 알고 있었다. 그 신비의 방법은 씨앗들이 서로 접촉하고 있는 부분을 아주 가볍게 건드리기만 하면 되는 것이었는데, 씨앗들을 엮고 있던 탄력이 풀어지면서 폭발하는 간단한 원리였다. 드디어 우리는 씨앗의 폭발을 유도하는 실질적인 시스템을 갖게 됐고, 연구를 계속할 수 있었다. 그 후 몇 달 동안 이 '조절된 폭발'을 수천 번 거듭했다. 신은 규칙을 어기는 아이들도 항상 지켜주시는 모양이다!

이 연구 덕에 현재 우리는 쥐손이 씨앗 속의 모든 것이 정확히 어떤 기능을 지니고 있는지 알고 있다. 예를 들어 쥐손이 씨앗이 땅에 구멍을 내고 그 속으로 들어가는 능력은 다음과 같은 것들과 관련이 있다.

ⓐ 씨앗의 기하학적 구조

ⓑ 쭉정이의 구조와 습도에 따른 움직임

ⓒ 쭉정이의 비활성 부분

ⓓ 열매와 쭉정이에 있는 수염

수집한 자료들은 쥐손이의 움직임 모형을 제작하는 데 사용되었고, 이 모형은 이 매력적인 식물의 특성 하나하나를 꼼꼼하게 기록한 엄청난 양의

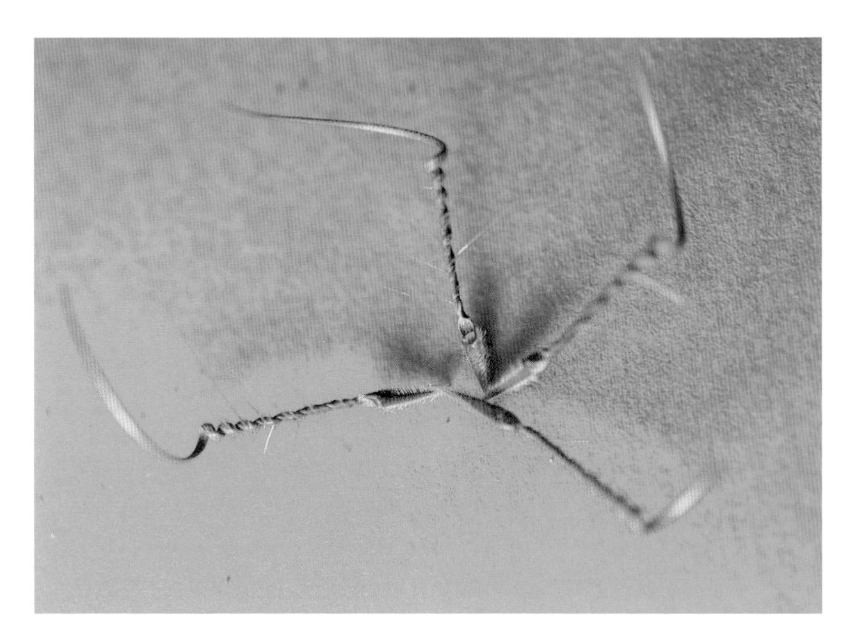

• 세열유럽쥐손이의 긴 쭉정이들은 봄철에 씨앗이 폭발할 때 추진기와 같은 기능 및 씨앗이 스스로 땅에 묻힐 때 이를 밀어주는, 두 가지 기능을 한다.

문서와 함께(궁금하면 인터넷에서 검색해 보시라) Esa에 전달됐다. 아마 앞으로 누군가 쥐손이로부터 영감을 받아 진짜 우주 탐사선을 만들려 할 것이다. 그렇게 되면 나는 정말 행복할 것이다. 어쨌든 우리는 우리의 의무를 다했다.

V

캡시코파고와 식물의 노예들, 그 놀라운 중독성

마약을 하면, 마약상이 사랑하는 여인처럼 보인다.

_ 윌리엄 버로우즈, 『정키』

게다가 오랫동안 만연한 향신료가 음식이 상한 것을 감추기 위해 사용되었다는 생각이 신중하게 검토되지는 않는다. 대부분의 향신료를 먹을 수 있는 사람들이라고 집에 썩은 고기를 갖고 있지는 않을 것이다. 그리고 어쨌든 향신료는 그런 식으로 사용하기에는 너무 귀하다.

_ 빌 브라이슨, 『간략한 사생활의 역사』

• (pp. 110-111) '모리셔스 오네이트 게코'는 모리셔스 섬에 서식하는 작은 주행성 토종 도마뱀으로 이 섬의 수많은 식물종의 수분 매개자 역할을 한다.

조작의 기술

식물이 자신이 탄생한 곳에서 혼자 이동을 하는 일은 절대 불가능하기 때문에, 특히 식물의 인생 중 특별한 때에 동물과 협력을 해야 한다. 식물은 씨앗을 분산시키고 확실하고 효율적으로 수분을 이루기 위해, 혹은 방어를 목적으로 동물의 움직이는 능력을 이용한다. 이처럼 식물과 동물, 이 두 행위자들이 서로에게 유익하다고 증명된 협력의 예는 무수히 많다. 보통 식물은 동물이 제공한 서비스에 대한 보상을 준비하는데, 수분을 해 준 동물에게는 맛있고 에너지가 듬뿍 담긴 꿀로 보상한다. 새의 경우 맛있는 열매를 받는 대가로 식물의 씨앗을 뿌려주고, 인간은(지구상에서 꿈꿀 수 있는 최고의 매개자가 인간이다) 음식이나 아름다움, 혹은 다른 이익을 얻는 대신 식물이 필요로 하는 곳이면 어디든 확산시켜 준다.

하지만 모든 일이 항상 그렇게 정확하게 이루어지는 것은 아니다. 수많은 재난 속에서 식물은 아주 뻔뻔스럽고 기회주의적인 행동을 하기도 하며, 아무런 보상 없이 동물에게 도움을 받기도 한다. 우엉(벨크로의 발명에 영감을 준 식물)과 흔히 '히치하이커'로 불리는 수백 종의 식물의 씨앗들은 동물이 이동을 시켜주는 것에 대한 그 어떤 보상도 없이 그들의 털에 붙

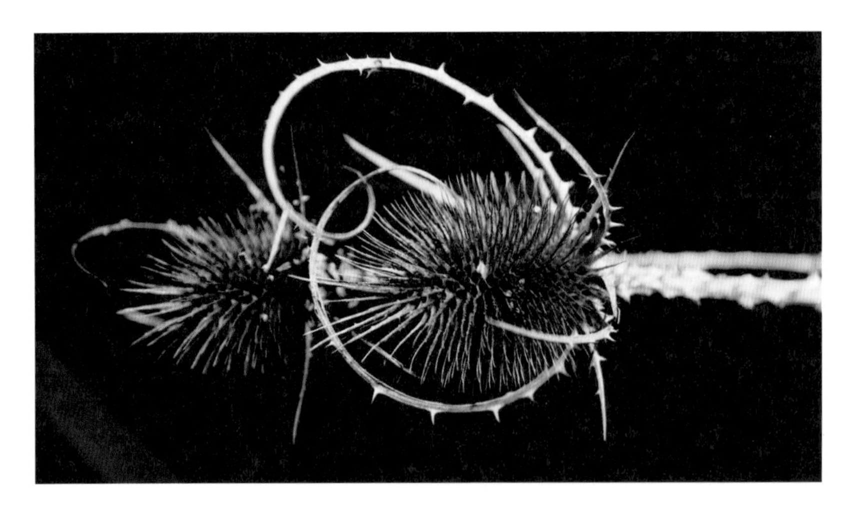

• 도깨비산토끼꽃Dipsacus fullonum에는 오래전부터 동물의 털에 달라붙을 수 있도록 진화된 중요한 구조가 있었고, 이것 때문에 양털이 둥글게 말리게 되었다.

어 다닌다. 수많은 예 중에서, 식물의 특별한 모방 능력과 관련해 언급하자면, 식물은 동물을 속여 자신들에게 편리하게 하거나 도움이 되도록 행동에 제약을 두는 경우가 있다. 여기까지는 전혀 새로울 것이 없다. 사기와 기만, 가짜 정보 전달 등은 식물을 포함한 모든 생명체에게 흔한 관행이다. 그러나 식물이 동물을 상대로 할 수 있는 실제 조작 능력(이런 용어를 사용할 수 있을 정도의 능력을 갖추고 있다)을 들여다보기 시작하면 정말 흥미로워진다.

꽃꿀의 배포자와 소비자

19세기 중반, 이탈리아의 주요 식물학자임에도 현재는 억울하게 잊힌 페데리코 델피노Federico Delpino, 1833-1905와 저명한 찰스 다윈이 꽃꿀의 문제에 관한 의견을 제시했다. 두 사람 다 이 문제에 지대한 관심을 갖고 있었지만 서로 정반대되는 개념을 지지했다. 수많은 식물종들이 꽃 외에(일반적으로 꿀이 생산되는 부분) 가지나 싹, 잎의 겨드랑이 부분에서도 감로를 분비한다. 그러나 꽃에서는 수분 매개자를 유혹하는 미끼나 보상 등의 기능을 하는 것이 분명하지만, 꽃 이외의 부분에서 배출되는 감로의 기능은 오랫동안 신비에 싸여 있었다. 다윈은 이 액체가 식물이 제거해야 할 폐기물이라고 생각했다. 바꿔 말하면, 이 감로를 어떤 식으로든 과잉된 물질을 배출하기 위한 분비물이라 여긴 것이다. 심지어 다윈은 연속적인 진화로 인해 배설기관에서 꽃꿀이 기원했다고 믿었다.

델피노는 이런 이론이 전혀 납득되지 않았다. 식물이 그렇게 달콤한

• '네소코돈 마우리티아누스*Nesocodon mauritianus*'는 모리셔스 섬 고유 희귀종이다. 20세기 후반, 수분을 매개하는 도마뱀을 유인하기 위해 붉은 즙을 생산하는 것이 밝혀지면서 유명해졌다.

물질을, 즉 에너지 함량이 높은 물질을 낭비한다는 것은 있을 수 없는 일 같았다. 그렇게 당분의 함량이 높은 물질을 '과잉'이라 정의할 수 없었던 것이다. 델피노는 식물이 그렇게 귀한 자원을 버린다는 것은 그 대가로 어떤 이익을 얻는다는 것을 의미한다고 생각했다. 델피노는 이 물질이 곤충을 유인하는 꽃꿀과 같은 기능을 한다고 생각했다. 하지만 식물이 자신의 몸으로 곤충을 유인해야 하는 이유가 미스터리로 남아 있었다. 꽃에서는 분명한 명분이 있지만, 식물은 어떤 유용한 이유 때문에 곤충이 가지와 잎 사이를 돌아다니게 한 것일까? 그 원인은 델피노가 수년간 연구한 끝에 밝혀졌고, '미르메코필리(myrmecophily, 그리스어로 개미를 의미하는 'múrmex'와 친구를 뜻하는 'phílo'의 합성어)'라는 다소 어색한 명칭으로 세상에 알려졌다. 이 '미르메코필리'란 무엇일까? 델피노가 1886년에 3,000가지나 되는 미르메코필리 종에 관해 발표한 논문에 의하면, 미르메코필리는 개미를 유인하기 위해 꽃꿀을 사용하는 식물을 의미하는데, 개미는 이 꽃꿀을 얻는 대신 다른 곤충이나 천적 등으로부터 적극적으로 식물을 보호한다. 기본적으로는 식물이 동물과 맺는 수많은 동등한 협력 관계다. 그러나 미르메코필리가 특별한 이유는 당분이 함유된 감로와 천적으로부터의 보호를 교환한다는 것이다.

식물과 개미의 협력은 상상하기 어려운 고차원적인 수준까지 올라갈 수 있다. 한 가지 예를 들자면 곤충과 아프리카나 라틴아메리카 지역이 원산지인 '아카시아Acacia'에 속하는 다양한 수종과의 연합을 들 수 있다. 실제로 몇 가지 아카시아는 개미에게 영양을 공급하기 위해 특별한 자실체를 생산하고 나무의 특별한 구조 속에 파인 공간까지 제공함으로써 개미가 들어가 살면서 유충을 기를 수 있게 한다. 여기서 끝이 아니다. 홈쇼핑에서 쇼 호스트가 구매를 유도하기 위해 끊임없이 사은품을 추가하는 것처

• 밑씨 다발의 과형성에서 생긴 황색 가종피가 특징인 '아카시아'의 종자. 이 종자는 색과 높은 영양가로 개미를 유인한다.

럼, 아카시아도 식량과 숙소만 제공하는 것이 아니라 매우 맛있는 꽃꿀 형태의 음료까지 무료로 공급한다. 이런 편의를 받는 대신, 개미는 자신을 살게 해 준 식물에 어떤 식으로든 해를 입힐 수 있는 동식물의 공격을 방어할 임무를 갖는다. 개미는 이 임무를 아주 효율적으로 해 낸다. 나쁜 의도를 가지고 다가오는 다른 모든 벌레를 멀찍이 차단하는 한편, 덩치가 자신보다 수십억 배는 더 큰 동물도 과감하게 물어 공격한다. 그래서 개미가 코끼리나 기린처럼 거대한 초식동물을 물어 도망치게 하는 일을 흔히 볼 수 있는 것이다.

개미의 적극적인 방어는 어떤 동물이든 덩치에 상관없이 멀리 몰아낸다. 그리고 숙주 식물에서 수 미터 반경 내의 땅에서 감히 싹을 틔우는 식물은 그 어떤 것이든 가차 없이 조각내 버린다. 그래서 아마존 밀림 한가운데 들어가면 아카시아 나무 주변에 다른 식물이 전혀 자라지 않은 완벽한 원형 공터가 심심치 않게 발견되는 것이다. 이러한 현상에 대해 모르는 이 지역 주민들은 이곳을 '악마의 정원'이라고 부른다. 요컨대, 이와 같은 식물과 동물의 관계는 양쪽 모두에게 훌륭한 협력의 형태로 보이며, 언뜻 보면 고전적인 상호주의적 공생의 예로 보일 수 있다. 그러나 언제나 이런 관계가 정확하게 성립되는 것은 아니며, 최근 다수의 학자들이 점점 더 암울한 그림을 제시하고 있다. 겉으로는 상호 이익인 목가적인 풍경 같은 관계의 이면에는 사악하고 못된 짐승과 다를 바 없는, 조작과 기만으로 가득한 아카시아의 치졸한 역사가 숨어 있다.

• 밑씨 다발의 과형성에서 생긴 황색 가종피가 특징인 '아카시아'의 종자. 이 종자는 색과 높은 영양가로 개미를 유인한다.

아카시아 나무가 생산하는 꽃꿀은 앞에서 보았듯 매우 에너지 함량이 높은 설탕물이다. 누구나 알다시피 설탕만큼 곤충을 끄는 것은 없다. 그래서 수년간 꽃물이 분비작용을 통해 탄생한 유혹의 비밀이라고 믿었다. 그러나 이 감로에는 당분만 들어있는 것이 아니다. 알칼로이드를 비롯해 γ-아미노낙산GABA, 타우린, β-알라닌과 같은 비단백질 아미노산 등 몇 가지만 언급해도 이 정도의 구성 성분을 포함한다. 이 물질들은 동물의 신경계에서 중요한 조절 기능을 하며, 신경세포의 자극을 비롯해 행동까지 통제한다. 예를 들어 GABA는 척추동물에서든 개미와 같은 무척추동물에서든 중요한 신경전달 억제물질이다. 그래서 꽃꿀의 섭취로 인해 농도에 변화가 생기면 행동이 아주 크게 달라진다. 그리고 감로에 함유된 알칼로이드(카페인이나 니코틴 및 그와 비슷한 물질들처럼)는 개미의 인지력에만 영향을 끼치는 것이 아니라(감로를 섭취하는 다른 수분매개 곤충도 마찬가지다), 중독성도 가진다.

최근 밝혀진 바에 의하면, 아카시아 식물은 다른 수많은 미르메코필리 종들처럼 꽃꿀 내의 물질 생산을 조절할 수 있고, 그로 인해 개미의 행동까지 통제할 수 있다. 또한, 마치 경험 많은 밀매상처럼 아카시아 식물은 개미를 끌어들여 달콤한 감로와 풍부한 알칼로이드로 홀린다. 그리고 개미가 일단 중독이 되면 공격성이나 식물 위에서의 이동성을 높이는 등 행동을 조절한다. 이 모든 것은 감로 속의 신경활성물질의 양과 질만 조절하면 가능하다. 우리가 계속 무방비 상태에 수동적이라고 여기던 존재인 아카시아는 땅에 뿌리를 내리고 동물을 조절하는 능력을 화학을 이용해 진정한 예술로 탈바꿈시켰다.

내가 처음 '캡시코파고'를 만났을 때

식물이 동물을 조작하는 데 사용하는 얕은 수에 우리 인간은 제외된다는 생각은 버려야 한다. 오히려 그 반대다. 페페론치노 고추를 예로 들어보자.

나는 페페론치노를 먹는다는 것을 자랑으로 여기는 칼라브리아Calabria에서 태어났다. 거기서는 모두, 모두는 아니라도 거의 대부분 매운맛을 사랑한다. 그렇다고 누구나 캡시코파고capsicofago인 것은 아니다. 캡시코파고는 페페론치노와 독특한 관계를 형성하고 있는 사람들로 구성된 일부 인종이다. 내가 처음으로 캡시코파고를 만난 것은 어린 시절, 어떤 사실이든 사건이든 사람이든 마주하는 것마다 놀라움과 마법이 숨어 있던 때였다. 내가 평생 생생하게 기억하는 이 시절의 기억 중에 우리 가족이 초대된 결혼식에 관한 일화가 있다. 8월이었고, 나는 공공행사든 개인적인 행사든 모든 행사에 참석하면 안 되는 달이었다. 재킷에 넥타이를 매고 이탈리아 남부의 끝없이 진행되는 결혼식에 따라갔었다(나중에 알았지만, 이탈리아의 다른 지역에서도 결혼식의 풍경이 그리 많이 다르지는 않다). 이 지역의 결혼식은 댄스파티로 마무리를 할 때까지 거의 14시간 이상 교회에서 기다려야 하는 데다가 아무리 성격 좋은 사람도 한계를 넘어도 한참 넘을 만큼 뜨거운 날씨였다. 8월의 결혼식은 나라님도 허용하지 않을 행사다.

그때 결혼식이 끝난 후 우리는 교회에서 나와 피로연을 하러 해변으로 향했다. 피로연장이 레스토랑이었는지 개인주택이었는지는 정확히 기억나지 않지만, '행사용 정장'을 입은 채 식사를 해야 한다는 두려움에 떨었던 것은 또렷이 기억한다. 다행히 나는 아직 어린아이라 그 밋밋한 색에 몸을 자유롭게 움직이지 못하게 하려고 일부러 연구한 천으로 만든, 딱딱

• '페페론치노'는 멕시코가 원산지인 '캡시쿰'에 속하는 다양한 종의 열매를 지칭한다.

하고 불편하고 어떻게 입어야 하는지조차 잘 모르는 정장을 반드시 입고 있어야 하는 것은 아니었다. 그날 내가 입었던 옷은 다음에 입어야지 하고 묵혀 뒀던 것인데 내가 한창 성장기라 딱 몇 주만 잘 맞고 금방 작아져서 허리며 허벅지, 어깨가 꽉 죄었고, 그 무더위에 끝날 줄 모르는 예식이 진행되는 동안 몸에 점점 더 달라붙었다.

나는 다른 아이들과 함께 탁자에 앉아 체념한 채 그 다음에 겪어야 할 고문을 기다리고 있었다. 당시 나는 이미 그런 자리에 매우 익숙해 있던 터였다. 부모님은 칼라브리아 주민을 다 아는 것 같았고 봄과 여름에는 주말마다 결혼식에 참석하는 것이 우리의 주요 일과였다. 나는 그 속에서 어떻게 해야 살아남을지 알고 있었다. 일단 더위를 무시하고 땀샘과 통증이 없는 한 살갗에 들러붙는 옷은 그러려니 하고, 꼭 필요하지 않는 한 허리를 움직이지 못하는 불편한 상황은 참으면 그만이었다(어른이 되어서야 깨달았는데, 당시 나는 자연스럽게 오랜 전통에 다가가고 있었다). 두 번째는 되도록 적게, 정말 좋아하는 것만 먹고 서빙된 음식을 치워갈까 걱정하지 않고 기대에 미치는 음식이 없을 것이라는 생각도 버려야 한다. 이런 전형적인 결혼식에서는 어떤 종류의 음식이 나올지 거의 알 수 있으니 말이다.

그래서 나는 참을성 있게 기다리면서, 식전 음료와 전채요리를 잔뜩 먹고는 아직 피로연의 본식은 나오기도 전에 이미 배가 불러 어쩔 줄을 모르는 초보자들을 보며 우월감을 감추지 못했다. 나는 아주 의연하게 내가 좋아하는 마지막 음식들이 나올 때까지 냉정함을 유지했다. 다른 하객들은 이제 한계에 왔지만 종업원들이 치즈와 수많은 디저트를 계속 내올 때, 나의 식사는 그때부터 본격적으로 시작됐다.

그 길고 긴 날들의 따분함에서 살아남으려면 무엇보다 현명하게 먹어야 했다. 그래서 나는 언제나 모험 소설 한 권과 만화책 몇 권을 챙겨 가지고 다녔다. 이건 수년간 계속한 전략적인 조치였다. 그러나 그 특별한 결혼식 중에 일종의 의식 같던 내 태도가 완전히 바뀌었다. 일단 그 당시 정말 페페론치노 먹기를 즐기는 사람들인 캡시코파고들을 처음으로 만날 수 있었다. 페페론치노는 여기저기에 사용을 해서 나도 상당히 익숙했다(우리 아버지는 성년이 되어서야 이 향신료를 사용하기 시작해 커피 외의 모든 음식에 상당한 양을 넣었다). 칼라브리아 출신이라면 페페론치노를 맛보지 않는다는 것은 불가능하고, 어느 정도 매운 음식에 익숙하다. 하지만 진정한 캡시코파고들은 그런 차원이 아니다.

캡시코파고들은 다섯 명이 함께 왔는데, 형제단(중세 유럽의 직인 단체의 한 유형—역주)이라도 된 것처럼 다들 비슷한 재킷에 조끼, 넥타이를 매고 있었다. 그들의 어두운 옷은 검은색 모직 같은 천으로 만들었는지 아주 무거워 보였지만, 지금 떠올려보니 내 기억이 왜곡된 것이 아닌가 하는 생각이 든다. 당연히 그들은 같은 테이블을 향해 다가갔다. 그들의 행동은 이상하리만치 비슷했는데, 마치 수차례 리허설을 거듭한 안무를 선보이는 것 같았다. 동시에 의자를 빼내서 비슷한 동작으로 앉고……. 그리고 기적 같은 일이 일어났다! 다섯 명이 일제히 각자의 주머니에서 큼직한 페페론치노 다발을 꺼내 든 것이다. 붉은색과 초록색에 크루아상만 한 길이의 고추들이었는데 정말 예뻤다. 캡시코파고들은 식탁에, 각자의 접시 바로 옆 와인잔과 포크 사이에(왼손이 움직이는 자리) 조심스럽게 페페론치노 다발을 내려놓고 식사가 시작되기를 기다렸다.

옆 테이블에 앉은 나는 미소를 짓고는 있었지만 약간 걱정스러웠다. 그들은 무엇인가를 기다리는 것 같았다. 피로연에 대해 간단히 몇 마디 나누고 간혹 각자의 페페론치노 다발에 손을 올리고, 마치 쓰다듬는 것처럼 고추 하나하나의 촉감을 느끼면서 곁눈질로 옆에 앉은 캡시코파고의 페페론치노와 비교했다. 그들의 손은 거칠고 볕에 새카맣게 그을렸지만, 그 맵고 작은 친구들에게는 애정 어린 손길을 보낼 수 있었다. 웨이터들이 음식을 나르기 시작했고, 드디어 세상 그 어떤 위도에서 관찰해도 정확히 일치하는 캡시코파고들의 움직임을 감상할 수 있었다. 그들은 오른손으로는 음식을 입에 넣고 왼손으로는 페페론치노 하나를 움켜쥐었다. 어떤 음식이 나와도 마찬가지였다. 음식 한 입에 페페론치노 한 입, 또다시 음식 한 입에 페페론치노 한 입, 그리고 또 음식 한 입에 페페론치노 한 입. 메트로놈처럼 정확하게, 단 한 번도 순서를 건너뛰는 일 없이 모든 음식을 그렇게 먹었다. 매운맛을 같이 먹지 않으면 그 어떤 것도 먹을 수 없어서 음식과 페페론치노를 번갈아 먹는 사람들, 그것이 진정한 캡시코파고들의 특징이었다.

나는 그날 본 장면을 다 기억한다. 그들의 동작은 리드미컬했고, 먼저 먹던 페페론치노를 다 먹고 다발에서 새로운 페페론치노를 딸 때도 한결같이 박자를 맞췄다. 수년간 정기적으로 기름칠을 한 완벽한 기계가 작동하는 것 같았다. 난생 처음 본 이 모습은 소년 시절 내가 상상하던, 저 먼 나라에서 다섯 남자가 만든 이국적인 관습을 떠올리게 했다. 그리고 앞서 말한 것처럼 이 사람들은 내가 마주친 최초의 캡시코파고였다. 이 이후로는 칼라브리아에서는 물론 중국에서 헝가리, 칠레, 모로코, 인도에서 모든 음식에 페페론치노를 크게 한 입 베어 물어야 하는 공통점을 가진 사람들을 무척 많이 만났다. 어느 위도에서 어떤 시스템(포크, 젓가락, 손……)을 사용하는지에 상관없이 음식 한 입과 페페론치노의 리듬으로 식사를 한다면 확실한 캡시코파고라는 명확한 신호다.

그 끔찍한 더위에도 시커멓고 두꺼운 옷에 엄청난 양의 페페론치노를 먹고 땀도 흘리지 않는 그 신사들이 내게는 그 무엇보다 인상적이었다.

어떻게 그럴 수 있었을까? 나는 칼라브리아의 작렬하는 태양 아래에서 녹아내리고 있었는데 그들의 이마에는 요만큼의 땀 한 방울도 보이지 않았다. 마치 콘월Cornwall로 피크닉을 간 사람들처럼 뽀송했다. 얼마 후, 내가 어린아이의 호기심을 참지 못하고 그들 중 한 명에게 그렇게 열심히 먹는 고추가 '일반적'인 것인지, 아니면 맵지 않은 다른 종류의 고추인지, 그리고 땀을 흘리지 않도록 무엇인가를 사용하는지 물었다. 여러분도 예상했겠지만, 경솔한 행동이었다. 캡시코파고에게 페페론치노가 매운지 묻는 게 아니었다! 수년간의 혹사로 무감각해진 그들의 미뢰는 웬만해서는 타는 듯한 느낌을 받지 않을 것이다. 내 질문을 받은 캡시코파고는 아주 친절하게 내게 한 조각을 맛보라고 했다. 그가 내민 고추는 정말 작았고 내게 매운맛을 알려주기에 적절한 크기였다. 용암을 입에 넣은 것 같았다. 우리 모두 알고 있는 그 느낌이었다. 다른 말을 할 필요도 없고 난감하기 짝이 없었다. 그런데도 전 세계 인구의 3분의 1이 조금 넘는 약 25억의 사람들이 매일 규칙적으로 이 고통을 찾고 있다.

이런 일이 어떻게 가능할까? 이 질문에 답을 하려면 이 모든 매운맛 소동의 기원인 식물에 대해 몇 마디 언급할 필요가 있을 듯하다. '페페론치노'라는 명칭은 '캡시쿰(capsicum, 가지과Solanaceae의 속)' 속의 몇 가지 종을 지칭하며 피망을 비롯해 이 속에 포함되는 종들은 거의 다 타는 느낌을 느끼게 하는 분자인 캡사이신을 상당량 생산하는 특징을 지닌다(맵지 않은 종류는 몇 가지밖에 없다). 이 중 가장 많이 재배되는 다섯 종은 캡시쿰 안눔Capsicum annuum, 캡시쿰 프루테센스C. Frutescens, 캡시쿰 푸베센스C. Pubescens, 캡시쿰 바카툼C. Baccatum, 캡시쿰 키넨스C. Chinense다. 이 종들은 다년생 관목이지만 생존 기간이 짧아 보통 일년생으로 경작된다. 아메리카 대륙이 원산지이며 8,000년 전부터 재배되기 시작한 이 식물들은 전통문화의 측면에서 요리 분야는 물론 의학적인 관점에서도 상당히 중요하다. 페페론치노는 콜럼버스가 중앙아메리카로 첫 여행을 한 후 돌아오는 길에 가져오면서 유럽에 상륙하게 됐고, 신대륙의 다른 수많은 토종 식용 종들처럼 금방 세계적으로 확산되어 광범위하게 소비되는 식물이 됐다. 1세기도 채 지나지 않아 페페론치노는 이탈리아나 헝가리(파프리카가 유래되기 시작한 곳), 인도, 중국, 서아프리카, 한국 등과 같은 나라의 미식 문화의 한 부분을 차지했다. 지구상에서 가장 먼 곳까지 순식간에 정복한, 그 어떤 것과 비교할 수 없는 전진이었다.

페페론치노가 이토록 많은 사람들이 찾는 음식이 된 것은 매운맛 때문이다. 매운맛의 강도를 나타내기 위해 윌버 스코빌Wilbur Scoville이라는 미국 화학자는 1912년에 매운맛 등급을 개발했다. 이 등급의 정확한 명칭은 '스코빌 지수'다. 스코빌 관능 테스트라고 하는 기본 측정 방법은 페페론치노 추출물을 설탕물 용액에 희석하여 실시된다. 시식단은 이 혼합액을 맛보면서 전원이 만장일치로 매운맛이 느껴지지 않는다는 평가를 할 때까지 계속 설탕물을 추가한다. 이 희석 횟수가 많을수록 매운 고추이고, 스코빌 히트 유닛(Scoville heat units, 혹은 shu) 값이 된다. 단맛이 나는 피망은 shu가 0인 반면, 순수 캡사이신은 1600만 shu다. 스코빌 지수 1600만은 고추로 따지면 절대적인 최고의 매운맛을 나타내며, 빛의 속도나 절대 온도 0도와 같은 거대 물리적 상수와 동일한 가치를 지니는 수치다. 캡시코파고들의 성배와 같은, 초월 불가능한 한계다.

매년 식물의 개량을 통해 알려진 각종 기술(합법적 기술과 비합법적 기술)을 동원하여 아주 강도 높은 매운맛의 신품종을 개발하거나 선택하여 대량 생산한다. 신품종 생산의 목적은 매운맛의 한계를 점점 더 높여 결코 도달할 수 없는 완벽의 1,600만 shu에 되도록 근접하는 것이다. 이러한 신품

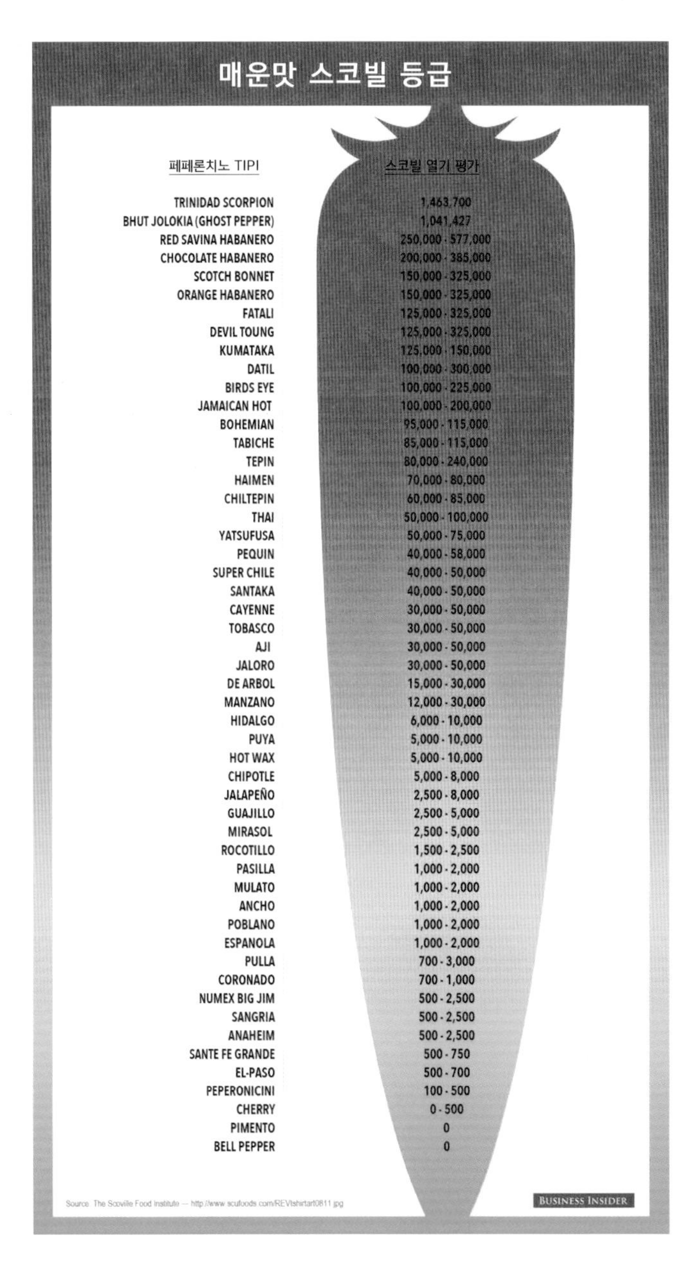

매운맛 스코빌 등급

페페론치노 TIPI	스코빌 열기 평가
TRINIDAD SCORPION	1,463,700
BHUT JOLOKIA (GHOST PEPPER)	1,041,427
RED SAVINA HABANERO	250,000 - 577,000
CHOCOLATE HABANERO	200,000 - 385,000
SCOTCH BONNET	150,000 - 325,000
ORANGE HABANERO	150,000 - 325,000
FATALI	125,000 - 325,000
DEVIL TOUNG	125,000 - 325,000
KUMATAKA	125,000 - 150,000
DATIL	100,000 - 300,000
BIRDS EYE	100,000 - 225,000
JAMAICAN HOT	100,000 - 200,000
BOHEMIAN	95,000 - 115,000
TABICHE	85,000 - 115,000
TEPIN	80,000 - 240,000
HAIMEN	70,000 - 80,000
CHILTEPIN	60,000 - 85,000
THAI	50,000 - 100,000
YATSUFUSA	50,000 - 75,000
PEQUIN	40,000 - 58,000
SUPER CHILE	40,000 - 50,000
SANTAKA	40,000 - 50,000
CAYENNE	30,000 - 50,000
TOBASCO	30,000 - 50,000
AJI	30,000 - 50,000
JALORO	30,000 - 50,000
DE ARBOL	15,000 - 30,000
MANZANO	12,000 - 30,000
HIDALGO	6,000 - 10,000
PUYA	5,000 - 10,000
HOT WAX	5,000 - 10,000
CHIPOTLE	5,000 - 8,000
JALAPEÑO	2,500 - 8,000
GUAJILLO	2,500 - 5,000
MIRASOL	2,500 - 5,000
ROCOTILLO	1,500 - 2,500
PASILLA	1,000 - 2,000
MULATO	1,000 - 2,000
ANCHO	1,000 - 2,000
POBLANO	1,000 - 2,000
ESPANOLA	1,000 - 2,000
PULLA	700 - 3,000
CORONADO	700 - 1,000
NUMEX BIG JIM	500 - 2,500
SANGRIA	500 - 2,500
ANAHEIM	500 - 2,500
SANTE FE GRANDE	500 - 750
EL-PASO	500 - 700
PEPERONICINI	100 - 500
CHERRY	0 - 500
PIMENTO	0
BELL PEPPER	0

Source: The Scoville Food Institute — http://www.scufoods.com/REVtshirtart0811.jpg

BUSINESS INSIDER

• 스코빌 등급은 페페론치노의 매운맛을 측정한다. 달콤한 피망의 수치인 0shu부터 가장 매운 품종은 약 150만 shu에 이른다.

• 캐롤라이나 리퍼는 현재 전 세계 매운맛의 챔피언이다. 매년 전 세계에서 400만 헥타르의 면적을 이용하여 3,300만 톤 이상의 페페론치노가 생산된다.

종들의 이름은 우리의 상상을 전혀 벗어나지 않는다. 은혜와 성실성, 우정, 아름다움을 가져다준다는 의미를 담은 이름에 익숙한 식물 소식계에서 이 매운맛 괴물에게 부여한 이름은 미지의 잔인함이다. 지옥이나 악마, 핵, 죽음, 유령, 전염병도 매운맛을 표현할 때 가장 많이 사용하는 단어들이다. 한편 호랑이, 전갈, 독사, 코브라, 코모도 드래곤, 타란툴라나 이와 유사한 동물들도 페페론치노를 선호하는 사람들의 상상 속에서 매운맛으로 잘 나타난다.

2013년 캐롤라이나 리퍼(Carolina reaper, 캐롤라이나의 사신. 그렇다, 보통 한 손에 커다란 낫을 든 해골을 말하는데, 여기서는 무게의 10퍼센트 이상 캡사이신을 함유한 과실을 생산하는 괴물을 지칭한다)가 200만이라는 천문학적인 수의 스코빌 지수를 넘어섰다! 그래서 지구상에서 가장 매운 캡시쿰의 최상위권에 있던 트리니다드Trinidad 전갈과 나가 바이퍼naga viper를 밟고 올라섰다. 이렇게 매년 새로운 매운맛 세계 신기록이 갱신되면서 화살표가 점점 올라가고, 전 세계 수백만의 사람들이 이 매운맛 챔피언들을 찾아 시식을 하거나 전파하기 위해 영혼을 혹사하고 있다. 그것은 매울수록 더 많이 전파된다. 캡시코파고들이 찾는 것은 오로지 캡사이신뿐이다. 그것도 점점 더 많은 양을 원한다. 심지어 미국에서는 16밀리언 리저브16milion reserve라는 매운 소스(이 소스에 '매운'은 완곡한 표현이다)를 판매중인데, 이 소스는 순수한 결정형 캡사이신을 양을 제한하여 병에 담은 제품으로 시장가격이 수천 달러까지도 아주 쉽게 오른다.

그런데 캡사이신이 정확히 무엇일까? 신경 말단과 접촉하여 TRPV 1라고 알려진 수용체를 활성화하는 알칼로이드다. TRPV 1는 우리 뇌에 위험 가능성이 있는 수준의 열기에 대해 신호를 보내는 역할을 하는데, 보통 43°C 정도일 때 활성화된다. 사실상 TRPV 1는 맨손으로 뜨겁게 달궈진 철을 집거나 펄펄 끓는 국을 벌컥 마시는 등의 위험한 행동을 하지 않도록 '설계'된 수용체인 것이다. 뜨거운 것을 만지거나 먹는 것은 우리 몸을 손상시킬 수 있는 행동이다. 자, 이처럼 캡사이신은 통증을 유발하고, 그래서 세계 절반의 국가들이 호신 무기로 고추 스프레이를 사용한다. 그런데 통증을 유발한다는 동일한 특성이 향신료로서는 각광을 받는다. 하지만 정신이 건강한 사람은 통각을 즐기기 위해서 레몬즙을 눈에 넣는다거나 턱을 가구에 부딪치거나 하지 않는다.

그렇다면 왜 세계 인구의 3분의 1이 인체의 가장 민감한 부위 중 하나인 혀 위에 끔찍하게 타들어가는 느낌을 유발하는 알칼로이드를 대량으로 올려놓는 것일까? 수년간 이 문제에 대한 다양한 이론이 연구되었다. 인간의 이러한 이상 행동을 설명하려 할 때마다 언급되는 가장 유명한 이론은 심리학자 폴 로진Paul Rozin이 정의한 '양성 마조히즘'이다. 이 이론에 따르면 특정한 유형의 사람들이 타는 느낌을 비롯한 위험을 느끼는 감각에 이끌

린다. 이런 사람들에게 고추는 러시아의 산에 오르는 것과 비슷한 것인데, 로진의 주장에 따르면 이 두 경우 모두 몸은 이러한 활동의 위험성을 인지하기는 하지만, 실질적으로 위험하지는 않다는 것을 알기 때문에 이 부정적인 자극을 정말 멈춰야 할 필요는 없는 것이다. 폴 로진은 동일한 자극에 몇 차례 노출된 후에는 처음에 느꼈던 불안이 쾌락이 된다고 결론 내렸다.

나는 개인적으로 그의 이론이 세련되었다는 점은 칭찬하지만, 전혀 설득력 있어 보이지는 않는다. 왜냐면 내 경우 매운 음식은 좋아하지만 러시아의 산이나 번지점프를 비롯해 그와 비슷한 아슬아슬한 활동에는 전혀 끌리지 않기 때문이다. 또 매운맛을 엄청나게 좋아하는 내 아내는 공포영화를 한 장면도 보지 못해 얼굴을 가리고, 그네에 올라타지도 못하니 러시아 산 같은 곳은 감히 엄두도 못 낸다. 그리고 내가 아는 대단한 캡시코파고들의 대부분이 경험해 본 적 없는 위험한 느낌에 대해서는 상당히 소심하거나 아예 찾지 않는 경향이 있다. 마지막으로, 내가 보기에 세계 인구의 3분의 1이 이런 특성을 갖고 있다고 했는데, 잘 살펴보면 이런 특성 자체가 그다지 많이 확산되어 있는 것 같지 않다. 하지만 내가 틀릴 수도 있다. 실제로 지난 2013년, 존 헤이즈John Hayes와 나디아 번즈Nadia Burnes, 두 식품 과학 연구자가 97명을 대상으로 실시한 연구에서 '감각을 찾는 사람들'과 매운맛을 즐기는 사람들 간에 상당한 연관성이 있다는, 폴 로진에게 유리한 결과가 나왔다.

그러나 내가 세운 가설은, 이렇게 많은 사람들이 페페론치노를 좋아하는 까닭은 캡사이신이 우리의 뇌에 직접적으로 작용하는 다른 식물성 알칼로이드(예를 들면 카페인이나 니코틴, 모르핀 등)들이 유도하는 것과는 다른 작용을 일으키지만, 최종적으로 중독성이 생기는 결과는 동일하다는 것이다. 내 생각을 자세하게 설명하려면 입에서 뇌로 전달되는 타는 느낌을

• 갈라파고스와 모리셔스 군도의 거북이들은 한때 양쪽 군도의 주요 종자 운반 및 유포자였다.

살펴봐야 한다. 우리 몸이 혀의 통증을 인지하면 뇌까지 전달되는 신호들을 폭포처럼 쏟아내기 시작하고, 뇌는 이 고통을 완화하기 위해 엔도르핀을 생산한다. 엔도르핀은 신경전달 물질군으로 진통 효과나 생리학적 특성 등이 모르핀과 유사하지만 훨씬 강력하다. 엔도르핀은 우리 몸의 통증을 완화해 주는 시스템이며, 특히 페페론치노가 우리 삶에 끼치는 전반적인 영향력을 파악할 수 있게 해 주는 열쇠다.

엔도르핀 의존성은 나쁜 개념은 아니다. 비유를 하자면, 유명한 '러너스 하이(runner's high, 달리기를 한 사람이 약물을 주입한 듯한 효과)'와 기본적으로 같은 메커니즘이라고 할 수 있다. 만약 여러분이 달리기 애호가이거나 여러분의 친구 중에 마라톤이나 크로스컨트리 수영, 사이클링과 같이 지구력 운동을 하는 사람이 있다면, 장시간 힘든 운동을 하고 난 후 아주 행복한 상태가 된다는 말을 들은 적이 있을 것이다. 마치 어떤 약물에 의한 행복과 비교할 수 있는 이 쾌락은 완전한 행복이나 지극히 건강한 느낌으로 나타날 수 있다. 오랜 세월 이런 현상이 실재하는 것에 대해 과학적으로 이렇다 할 증거가 나타나지 않아 그저 달리기 애호가들 사이에 오르내리는 신화와 관련된 전설이라고 여겨졌다. 그러나 2008년 독일에서 격한 스포츠 활동을 하기 전과 후에 운동선수들의 상태를 분석한 결과를 연구해 그 타당성이 증명되었다.

그러니까 '러너스 하이'는 실재하는 현상이며, 뇌에서의 엔도르핀 분비를 통해 나타난다. 뿐만 아니라 엔도르핀의 진통 효과는 격한 신체 활동을 한 육상선수에게서 자주 나타나는 통증의 역치도 설명할 수 있게 해 준다. 다른 환경에서는 견디지 못했을 골절이나 부상 후유증이 있는데도 계속 달린 마라톤 선수들의 예는 부지기수로 많다. 대량의 고추를 먹은 사람이 통증을 덜 느끼는 경향을 나타내는 것도 기본적으로 같은 메커니즘이다. 캡사이신의 효능은 실제로 지난 몇 년간 과학 문헌에 명확하게 입증돼 있다.

자, 이제 이번 장의 제목을 해석할 틀이 그려지기 시작한다. 중독성을 유도하는 물질을 생산하는 다른 많은 식물들처럼, 페페론치노도 동물 매개자 중 가장 강하고 다재다능한 인간을 구속하기 위해 화학 물질에 의존한다. 일반적인 식물성 약물은 인간 외에 다른 동물의 뇌에서도 활동을 한다. 이와 달리 페페론치노의 캡사이신은 인간에게만 작용한다. 내 생각에는 바로 이 점 때문에 페페론치노가 더 흥미로운 듯하다. 그리고 사실 포유류 중에서 페페론치노의 열매 먹기를 이렇게 즐기는 예는 인간밖에 없다.

캡사이신의 진화의 역사가 시작될 무렵에는 식물의 곰팡이 감염에 대해 어느 정도의 저항력을 유도하는 능력이 있었을 것이다. 그래서 공격이라고 볼 수 있는 자극이 많은 지역에서는 캡시쿰 열매들의 농도가 자연스럽게 높아지기 시작한다. 또한 진화 현상에서 포유류에게 타는 느낌을 유발하는 수용체를 운이 좋게도 새는 가지고 있지 않기 때문에 더 매운 식물의 종자를 확산할 수 있었다. 캡사이신을 멀리하는 포유류는 저작운동으로 열매에 들어 있는 씨앗을 부술 수 있지만, 캡사이신을 인지하지 못하는 새는 씨앗을 씹지도 않고 최대한 멀리 운반해 주기 때문에 매우 믿을 만한 매개자다. 그러나 캡사이신의 진정한 장점은, 페페론치노의 경우 비정형적인 의존성을 통해 진정 절대적인 매개자인 인간과 결속하는 힘을 갖고 있다는 것이다.

인간 포유류가 알칼로이드로 인해 캡시코파고로 변화된 노예 상태가 되었다고 보는 내 이론에 여전히 확신이 서지 않는다면, 매년 세계 곳곳에서 열리는 고추 축제 중 한 곳이라도 둘러보길 바란다. 현대의 캡시코파고들이 활동하는 환경은 내 어린 시절에 보았던 검은 옷을 입은 기존의 캡시코파고들의 환경과는 다르다. 수많은 축제에서 캡사이신 분자가 그려진 베레모에(심지어 목구멍에 구조식을 문신하는 경우도 있다) 'PAIN IS GOOD'이라는 문구가 적힌 티셔츠를 입고 호러 영화에서나 이름을 따온 소스의 구성 성분을 연구하는 새로운 캡시코파고 회원들을 만날 수 있다. 여러분의 눈에 이런 모습이 캡사이신 중독이라고 보이지 않는다면…….

페페론치노의 사용은 전 세계에서 지속적으로 증가하고 있다. 과거에 매운 요리가 주는 묘한 쾌락에 중독되지 않았던 나라들도 불과 몇 년 전까지는 생각도 할 수 없었던 엄청난 양을 섭취하고 있다. 요컨대, 이 식물종이 인간을 중독시켜 자신들에게 필요한 일을 완벽하게 할 수 있게 만드는 전략이 성공한 것이다. 이러한 인간과의 연합으로 이 식물 종은 단 몇 세기 안에 지구 전체에 확산될 수 있었다. 인간 이외에 그 어떤 매개자도 이렇게 단기간에 해 낼 수 없었을 것이다. 그리고 앞으로는 점점 더 캡사이신에 유리한 환경이 만들어질 것이다. 42.195킬로미터를 뛰는 것보다 고추 한 접시를 먹으면서 얻는 쾌락, 즉 엔도르핀으로부터 쾌락을 얻는 편이 훨씬 더 간편하고 덜 힘들기에, 앞으로는 상황이 점점 더 유리해질 것이다.

동물을 중독시키는
화학적 조작

물론 페페론치노와 그 알칼로이드가 특별한 예는 아니다. 식물에서 나온 헤아릴 수 없이 많은 화학 성분이 뇌의 기능에 영향을 끼치고, 이러한 작용은 정신에 작용하는 물질들을 통해 충분히 증명되어 있다. 현재 전혀 분명하지 않은 것은 식물에서 생산된 이와 같은 성분들이 동물의 뇌에 왜 영향을 끼치는가 하는 것이다. 식물은 왜 동물의 뇌에 영향을 끼치는 물질을 생산하는 데 에너지를 소모해야 하는 걸까?

현재 마약류의 약물 사용에 대한 신경생리학 이론들은, 의존성을 만드는 모든 분자가 보상심리에 관련된 뇌 영역에 영향을 끼친다는 사실을 확인해 주고 있다. 인간의 생존에 유용한 무엇인가를 할 때마다, 뇌에서 아주 오래전부터 존재한 이 부분이(음식이나 물, 성관계와 같은 자극에 반응할 때 활성화되면서 진화했다) 쾌락으로 위안을 주어 반복적으로 같은 행동을 하도록 유도한다. 마약류의 약물도 같은 시스템에 작용하여, 위로 메커니즘을 활성화한 분자의 섭취를 되풀이하도록 부추겨 의존성을 만드는 것이다.

그러나 식물성 약물의 기원에 관한 가설들은 모두 주요 알칼로이드(카페인, 니코틴 등)를 초식동물을 벌하거나 사기를 저하시키기 위해 개발된 신경독으로 여긴다. 이러한 이론에 의하면, 진화를 통해 보상 메커니즘에

• 연꽃은 고대부터 매우 유명하고 찬양받는 수생 식물이다. 흰색과 분홍, 빨강, 하늘색의 화려한 연꽃은 수분 매개 곤충들에게 매우 유혹적이다.

작용해서 식물의 섭취를 증가시키는 성분이 만들어진 것이 아니다. 생태학적 차원에서 모순이 명백한 이러한 논리를 '약물 보상의 역설drug-reward paradox'이라 한다. 하지만 식물이 생산한 신경활성분자들이 단순한 억제제가 아니라 동물을 유혹해 그들의 행동을 조작한다는 개념을 인정하면 이 역설은 쉽게 풀리고, 식물과 동물의 상호작용을 전혀 색다른 차원의 생태학에서 이해하며, 신경생리학 연구를 마약 퇴치 분야에서 효율적인 수단으로 사용할 새로운 전망이 열린다.

본 장의 초반에 살펴봤던 꽃꿀을 다시 상기해 보면, 오랜 공동 진화의 역사를 갖고 있는 식물과 개미의 관계는 이 가설을 시험해 볼 이상적인 모델일 수 있다. 그리고 내 생각처럼, 개미와의 상호작용에서도 식물이 신경활성 물질을 사용해 개미의 행동을 조절한다는 것을 증명한다면, 식물이 가진 또 하나의 간과할 수 없는 능력을 추가하게 되는 것이다. 이 능력은 식물에 대한 우리의 시각을 뿌리째 바꿔놓을 것이다. 즉, 동물의 필요에 따라 존재하는 수동적인 존재에서 다른 생명체의 행동을 조작할 수 있는 살아 있는 복잡한 유기체로 식물을 다시 보게 될 것이다.

동식물의 역할이 크게 뒤바뀌는 것이다.

식물이 개발한 솔루션, 초록 민주주의

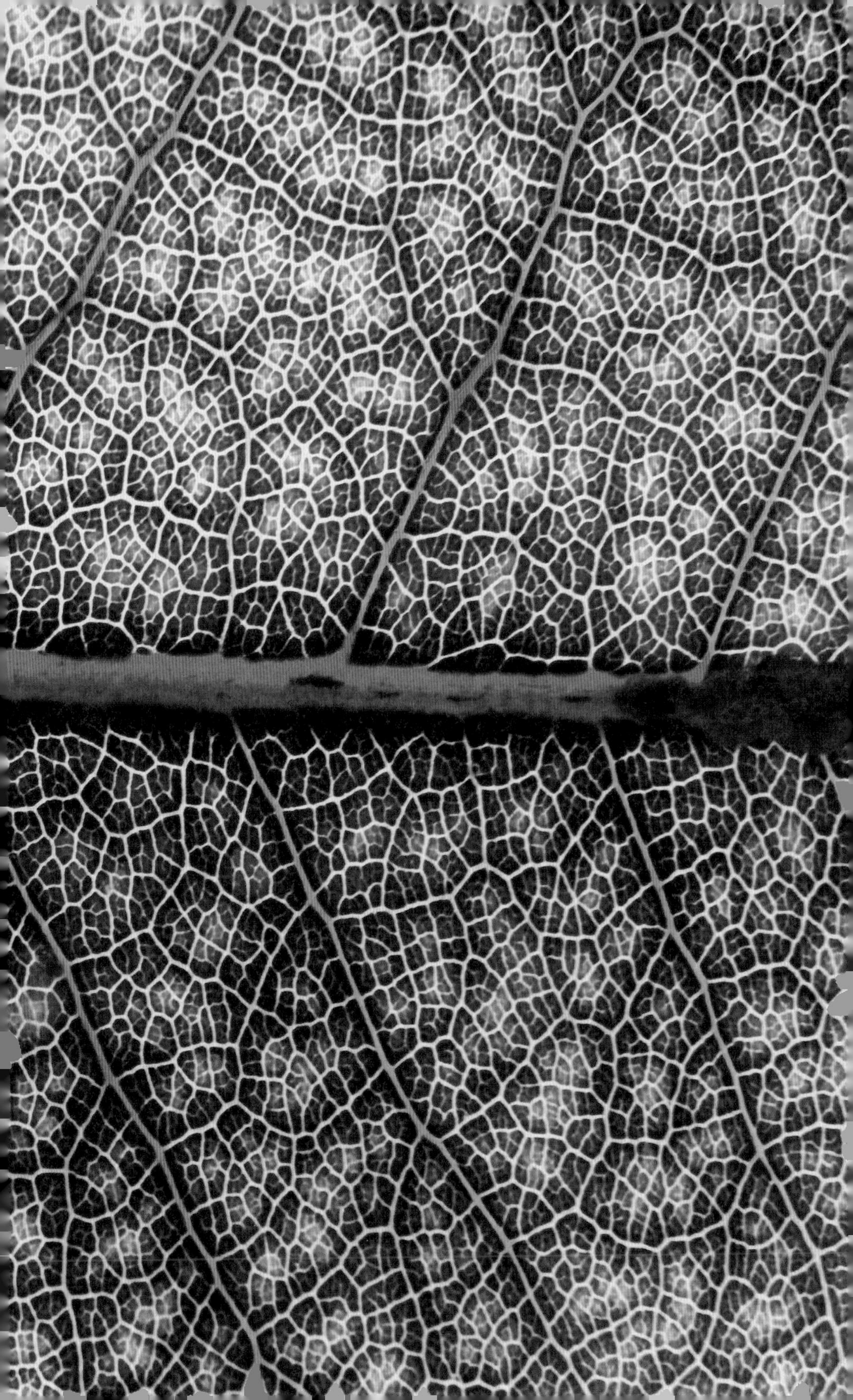

민주주의는 평범한 사람들이 비범할 수 있다는 가능성에 대한 믿음을 바탕으로 한다.

_ 해리 에머슨 포스딕

시민이 정보를 얻지 못하거나 정보를 입수하기 위한 수단이 없을 때 시민 정부는 어릿광대극이나 비극, 혹은 두 극 모두의 서막일 뿐이다.

_ 제임스 메디슨

신과 왕, 귀족, 평민의 피라미드 구조 같은 기본에 맞지 않는 서열과 권위, 명백한 자연 법칙의 위반은 사라져야 한다.

_ 카를로 피사카네, 『혁명』

• (pp. 138-139) 잎맥부터 뿌리 기관의 조직까지 식물의 모든 것이 그물 형태로 이루어져 있다.

식물의 몸체에 대해 미리 고려해야 할 몇 가지

식물은 동물이 아니다. 이 점을 확인하는 일이 진부함의 정수로 보일 수 있다. 그러나 나는 이것을 항상 기억하고 있어야 한다는 것을 깨달았다. 사실 우리는 복잡하고 지적인 생명체는 동물이라고 생각한다. 그래서 무의식중에 식물에서 발견되는 전형적인 동물의 특징은 간과하고 수동적인 존재로 분류하며(정확히 '식물'로 구분) 운동이나 인지 등 동물적인 능력을 가진 식물을 부정한다. 우리가 어떤 식물을 볼 때 동물과 완전히 다른 기준으로 구성된 존재를 보고 있다는 사실을 항상 기억해야 하는 이유가 이 때문이다. 식물의 구성 기준이 얼마나 독특한지 설명하자면, 공상과학 영화에서 상상으로 만들어진 외계인은 모두 어린아이들이 좋아할 만한 이미지에 지나지 않는다.

식물은 우리와 닮은 점이 전혀 없다. 식물은 동물과 다른 유기체이고 동물과의 마지막 공통 조상을 찾으려면, 물에서 나온 생명체가 육지에 상륙한 6억 년 전으로 거슬러 올라가야 한다. 이 시기에 식물과 동물이 분리되어 서로 다른 길을 걷기 시작했다. 동물은 육지에서 움직이기 위한 조직이 되고 식물은 흙에 뿌리를 내리고 태양에서 끊임없이 생산하여 방출하는 빛을 에너지원으로 사용하며 새로운 환경에 적응했다. 식물의 성공으로 평가해 보자면, 육지는 더할 나위 없이 탁월한 선택이었다. 현재 지구에서 식물의 식민지가 되지 않은 곳이 없고, 생명체 전체에 영향을 끼치고 있는 것을 생각하면 당황스럽기까지 하다. 지구상의 바이오매스(biomass, 생물체량)에 관한 다양한 추정이 있지만(생명체의 중량 평가가 쉽지 않아 변수가 많다), 식물을 대상으로 한 확인에서 그 어떤 경우에도 80퍼센트 미만의 양이 나온 적이 없다. 다시 말해 지구에 살고 있는 모든 생명체의 '중량' 중 최소 80퍼센트가 식물로 이루어져 있다는 것이다. 식물의 탁월한 능력을 입증하는 논쟁의 여지가 없는 비율이다.

땅에 정착해 머물겠다는 선택을 한 식물은 모든 몸체를 생존 조건에 맞게 변화하여 우리 인간은 거의 이해할 수 없는, 동물과 매우 다른 방법으로 진화했다. 그리고 최종적으로 식물에게서 얼굴이나 팔다리, 혹은 일반적으로 동물에 가깝다고 인식되는 구조를 갖지 않게 되었고, 이제 사실상 그런 형태는 보이지 않는다. 그 결과, 이해가 되는 것만을 보고 우리와 닮은 것만 이해하는 우리는 식물을 풍경의 일부로 여기게 됐다. 그리고 풍경이 식물의 차이를 좌우하게 됐다.

그런데 식물의 모델은 무엇 때문에 동물의 모델과 멀어지게 된 걸까? 식물의 어떤 특성이 동물과 멀고 불가해하게 만들었을까? 첫 번째 차이는 상당히 큰데, 식물은 동물과 달리 생명체의 주요 기능을 담당하는 단일 조직이나 이중 조직이 없다. 땅에 뿌리를 내린 식물에게 포식자의 공격 속에서 살아남는 일은 매우 큰 문제다. 동물처럼 도망을 칠 수 없으니 생존할 수 있는 유일한 방법은 포식에 굴복하지 않고 저항하는 것이다. 하지만 말이 쉽지 실제로 저항을 하기는 매우 어렵다. 이 기적을 이루려면 동물과 다른 방식으로 이루어져야 한다. 식물로 존재해야 한다면 확실한 약점이 없어야 한다. 아니면 동물보다 약점의 수가 훨씬 적어야 한다. 그런데 각종 기관이 있다는 것은 약점이 될 수 있다. 만약 식물에게 뇌가 하나 있고 두 개의 폐에 간 하나, 신장 두 개 등의 기관이 있다면, 첫 번째 포식자(곤충처럼 아주 작은 포식자)가 이 중요 기관 중 하나를 공격해 제 기능을 하지 못하게 될 경우 어쩔 수 없이 이 포식자에게 굴복해야 할 것이다. 바로 이러한 이유 때문에 식물이 동물과 같은 기관을 갖지 않는 것이다. 흔히 생각하는 것처럼 제 기능을 하지 못해서가 아니다. 만약 식물에게 눈과 귀, 뇌, 폐가 있다면, 누구라도 식물이 보고, 듣고, 계산을 하고 호흡을 할 수 있다고 생각할 것이다. 그런데 이러한 기관들이 없으니 우리는 식물의 탁월한 능력을 파악하기 위해 온갖 상상을 할 수밖에 없다.

일반적으로 동물에서는 특정 기관에 집중되어 있는 기능들이 식물의 경우 전신에 분산되어 있다. 이 분산이 핵심이다. 우리는 수년간의 연구를 통해 식물이 몸 전체로 호흡을 하고 몸 전체로 보며(이에 대해서는 「Ⅲ. 동물을 능가하는 숭고한 모방 기술」장에서 설명했다) 온몸으로 듣고 계산도 온몸으로 함을 알아냈다. 가능한 모든 기능을 분산하는 것이 포식에서 생존할 수 있는 유일한 방법인데, 식물은 이를 잘 알고서 기능성은 잃지 않으면서 몸체의 대부분은 움직이지 않고도 버틸 수 있었다. 식물의 모델은 중앙 통제실의 역할을 하는 뇌도, 식물이 의존하는 단독 및 이중 기관도 없다. 어떤 의미에서 식물의 조직은 현대성 그 자체를 나타내는 상징이다. 식물은 모듈 및 협력, 분산적인 구조이며 통제 센터 없이 반복되는 재앙 같은 포식을 완벽하게 견딜 수 있다.

식물의 저항력을 대표하는 전형적인 예는 화재에서 살아남는 능력이다. 실제로 최고의 파괴 요소인 불과 맞서기 위해 식물은 재기 넘치는 생존 전략을 찾아냈다. 어떤 식물은 불을 견디고, 어떤 식물은 불에 내성을 갖고

• 난쟁이야자나무는 지중해 관목지에 매우 광범위하게 확산된 종이다.

있으며, 또 어떤 식물은 계속되는 관목의 화재에 맞춰 생존과 생식 주기를 조절하기도 한다. 이 모든 식물이 불의 파괴력에 맞서는 능력은 거의 기적에 가깝다.

내가 개인적으로 경험한 한 가지 예를 소개해 보겠다. 나는 여름휴가를 시칠리아 서부의 한 지역에서 보내는데, 이곳에는 유럽이 유일한 원산지인 '차마에롭스 휴밀리스(Chamaerops humilis, 그리스어로 '땅에서'를 뜻하는 chamái와 '덤불'을 뜻하는 rhps의 합성)', 즉 난쟁이야자나무가 자생한다. 내가 이 지역을 드나들 때부터 화재가 번져 울창한 난쟁이야자나무를 뒤덮고 바다와 맞닿아 있는 아름다운 언덕들을 황폐하게 만드는 일이 잦았다. 이 파괴는 평균 2년에 한 번씩, 놀랍게도 정기적으로 발생한다(마치 방화광이 상당히 엄격한 파괴 계획을 실천하는 것 같다). 나로서는 도저히 적응이 안 되는 이 주기적인 재앙이 발생하는데도, 야자수들은 불이 꺼지고 나면 언제나 거기 또 그렇게 있다. 일부는 불에 타고 일부는 석탄이 되고, 심지어 재가 되기도 했다. 그러나 단 며칠 안에, 조용히 다시 새싹을 생산하기 시작한다. 아직 살아 있을 거라는 생각을 할 수도 없는 식물에서 푸른 봉오리가(검게 펼쳐져 있는 재와 비교되어 새싹이 에메랄드 색으로 더 빛나 보인다) 감동적으로 여기저기에 나타난다. 이것은 식물의 독특한 조직, 즉 동물계와 달리 별도의 통제 센터 없이 각 기능이 분산된 조직 덕분에 각종 역경에 저항할 수 있음을 분명하게 증명하고 있다.

문제를 해결하는 자와 문제를 피하는 자

식물이 개발한 수많은 솔루션은 동물계에서 만들어진 것과는 정반대다. 흑백사진처럼, 동물은 흰색, 식물은 검은색, 혹은 그 반대라고 할 수 있을 정도로 상반된다. 예를 들어 동물은 이동을 하지만 식물은 멈춰 있다. 동물은 다른 생명체로 영양을 섭취하지만, 식물은 다른 생명체에게 영양을 공급한다. 동물은 CO_2를 만들고 식물은 CO_2를 고정하며, 동물은 소비를 하고 식물은 생산을 한다. 이외에도 이런 상반된 모습을 수없이 나열할 수 있다. 동물과 식물을 구분하는 수많은 이율배반 중에서 나는 방금 전에 이야기한 가장 알려지지 않은 차이점, 즉 집중과 분산의 차이가 결정적이라고 생각한다.

물론 동물의 전형적인 시스템인 중앙 집권화가 의사 결정 시 매우 빠른 속도를 보장하는 것은 의심할 여지가 없다. 그러나 신속한 대응이 대부분의 경우 동물에게 장점이 될 수 있지만(그런데 여기서 주의할 점은, 신중한 대응은 언제나 시간이 필요한 법이므로 다른 생명체에게는 신속한 결정이 장점이 아닐 수 있다), 식물의 생장에서는 신속성이 부차적인 요소일 뿐이다. 식물이 정말 관심을 두는 점은 신속한 대응이 아니라, 문제를 해결할 수 있도록 제대로 대응하는 것이다. 얼핏 보면 식물이 동물보다 더 좋은 해결책을 찾을 수 있다는 주장이 위험하거나, 심지어 비이성적으로 보일 수도 있을 것이다. 그런데 동물의 문제 해결 능력이 식물보다 월등하다고 확신할 수 있을까?

신중하게 전체적으로 따져보면, 동물은 외부 자극의 종류는 다양함에도 불구하고 언제나 동일한 솔루션을 이용해, 마치 만능열쇠를 가진 것처럼 모든 응급상황에 맞선다는 것을 알 수 있다. 이러한 기적 같은 대응이 바로 '움직임'이다. 움직임은 무엇이든 해결하는 최고로 강력한 대응이다. 어떤 문제든 동물은 스스로의 몸을 움직여 해결한다. 예를 들어 먹을 것이 없으면 먹을 것을 찾을 수 있는 곳으로 간다. 기후가 너무 뜨겁거나 너무 차갑거나, 혹은 너무 습하거나 너무 건조하면 기상 조건이 적절한 곳으로 이동한다. 경쟁자의 수가 증가하거나 점점 더 공격적으로 변하면 새로운 영토를 향해 이동한다. 생식을 할 파트너가 없으면 찾아 나선다. 이렇듯 움직임을 이용하면 수많은 일이 가능해진다. 심지어 수천 가지 비상사태도 자극에 포함될 수 있는데, 이때도 언제나 해결책은 단 한 가지, '도망'이라는 움직임이다. 조금 냉정하게 말하자면, 이것은 해결책이 아니라 난관을 피하는 최선의 방법이라고 할 수 있다. 다시 말해 동물은 문제를 해결하는 것이 아니라 조금 더 효율적으로 문제를 피하는 것이다. 나는 누구나 개인적으로 겪은 숱한 경험을 통해 움직임을 통한 동물의 문제 해결 방식을 확신할 수 있을 것이라 생각한다.

움직임은 동물에게는 중요한 자원이기 때문에(심지어 위험한 상황에서는 도망이 동물의 고정관념화된 대응이다) 수억 년 동안 이 움직임의 능력이 최상의 방식으로 신속하게 장해 없이 기능하도록 끊임없이 진화가 계속됐다. 이러한 관점에서 보면 모든 결정을 담당하는 중앙 통제식 몸체의 위계적 조직은 기대보다는 나은 듯하다.

반면 식물에게는 속도가 전혀 대수롭지 않은 문제다. 식물이 사는 환경이 춥거나 덥거나, 혹은 포식자로 가득차도, 동물의 신속한 대응 속도는 식물에게 아무런 의미가 없다. 그보다 훨씬 중요한 것은 효율적인 문제 해결책을 찾는 것이다. 더위나 추위, 혹은 천적의 출연에도 '불구하고' 생존할 수 있는 방법을 찾는 것이다. 이렇듯 어려운 임무를 해내려면, 분산된 조직이 훨씬 낫다. 앞으로 보게 되겠지만, 분산 조직은 아주 혁신적인 대응을 가능케 하고 말 그대로 '뿌리를 내리고' 있으면서 주변 환경을 훨씬 더 잘 파악하게 해 준다.

올바른 대응 방식을 공식화하려면 정확한 데이터 수집이 중요하다. 그래서 정착을 선택한 식물은 탁월한 감각을 발달시켰다. 주위 환경으로부터 도망칠 수는 없지만, 빛이나 중력, 사용 가능한 광물 성분, 습도, 온도, 역학적 자극, 토양 구조, 대기 가스의 구성 등 화학적, 물리적 변수의 다양성을 언제나 매우 예민하게 인지해야 생존할 수 있다. 어떤 상황이든 식물은 자극의 힘과 방향, 지속 기간, 강도, 특수성 등을 하나하나 구분해 낸다. 다른 식물과의 인접성이나 거리를 비롯해 다른 식물의 정체, 포식자나 공생충, 병원체의 존재와 같은 '생물학적' 신호(즉, 다른 생명체에 의해 발생하는 신호)가 상당히 복잡하고 자극적이지만, 식물은 이러한 신호도 모두 저장했다가 적절한 방식으로 대응한다. 식물에 대한 개념을 감각의 부재와 연관 지으려는 시도가 엄청난 실수라는 점을 한 번 더 확인하게 됐다.

이처럼 동물이 주위 환경의 변화에 움직임으로 대응하고 이 대응 방식에 변화를 주지 않는 반면, 식물은 적응을 통해 지속적으로 변화하는 상황에 대응한다.

분산식 시스템으로 상호작용하는 뿌리

한 가지 밝혀야 할 미스터리가 있다. 동물의 경우 모든 반응의 기초가 되는 조직이 뇌인데, 식물은 이러한 뇌 없이 어떻게 반응을 할까? 어떤 시스템을 이용하는 것일까? 그리고 조금 더 광범위한 차원에서, 식물은 어떻게 올바른 해결책을 만들어 외부 환경의 지속적인 자극에 대응할 수 있는 것일까? 이러한 질문에 대한 답은 뿌리를 내린 부분들을 통해 가장 중요한 조직에서 대응을 시작하는, 상당히 복잡한 설명이 필요하다.

뿌리 기관은 반박의 여지없이 식물에서 가장 중요한 부분이다. 뿌리는 끝부분에서 계속 전진하는 전선을 형성하는 그물 형태의 기관이다. 이 전선은 아주 미세한 크기의 수많은 조작센터로 구성되며, 이 각각의 조작센터에서 뿌리가 발전할 동안 수집한 정보들을 통합하여 성장 방향을 결정한다. 다시 말해 뿌리 기관 전체가 일종의 통합적인 뇌처럼 식물을 인도하는 것이다. 혹은 광범위한 영역에 지식을 분산하는 역할을 한다는 표현이 낫겠다. 각 뿌리는 성장 및 발달하는 동안 식물에 영양을 공급하고 생존하기 위한 주요 정보들을 획득한다. 이 전진 기지는 정말 놀라울 정도의 면적으로 확장될 수 있다. 호밀 종자 하나에서 수억 개의 뿌리끝이 발전될 수 있다. 뿌리끝에 대한 자료는 중요한 내용이지만 성인 나무의 뿌리 기관과 비교되어 간과되기 쉽다. 우리는 이에 관련된 특별한 자료는 없지만, 수십억 뿌리에 대한 자료들이 있다. 숲에서 단 1제곱센티미터의 토양에서 천 개 이상의 뿌리끝이 자란다고 알려져 있지만, 자연 환경에서 성인 나무 한 그루의 뿌리끝의 수가 어느 정도인지 추정할 수 있는 실질적인 측정 자료는 없는 상태다. 자료의 부족은 식물의 숨은 부분을 연구할 때 수많은 어려

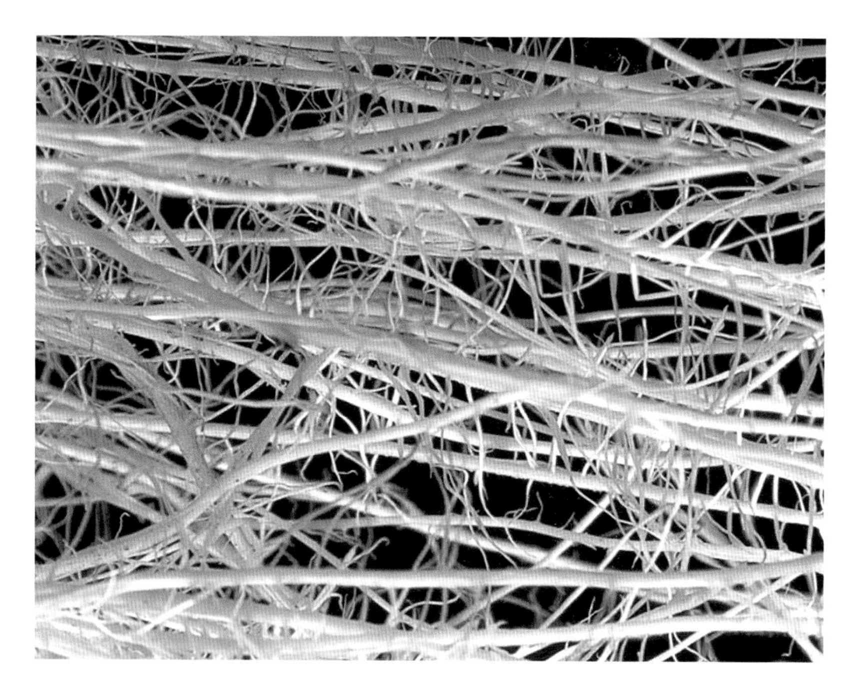

• 식물의 뿌리 기관은 전형적인 탈중앙 집권, 분산식 시스템으로 상호작용을 하는 수백만의 유닛(뿌리끝)으로 구성된다.

움을 겪게 만든다. 현재 뿌리의 움직임을 기록할 수 있는 기술이나 도구가 없다는 점이 식물의 습성 연구를 진척하는 데 가장 큰 걸림돌이다. 사실상 정확한 지식을 얻으려면 뿌리 기관 전체를 3차원 이미지로 그 무엇의 침해 없이 연속적으로 분석할 수 있는 시스템이 필요하다. 그러나 이러한 시스템은 저 먼 곳에서 아직 오지 않은 상태다.

기술적 한계가 있기는 하지만, 지난 몇 년간 뿌리에 대한 연구를 통해 뿌리가 토양을 탐색할 때의 메커니즘과 사용 모델 등, 뿌리의 기능에 관해 예상치 못한 측면들을 밝혀냈다. 이 뿌리 기능의 프로세스들은 새로운 로봇 제작을 위한 모델로 연구될 정도로 효율성이 높은 것으로 나타났다. 사전 지정되었거나 방향이 표시된 지도가 없는 상태에서 미지의 환경을 탐색하는 일은 중앙 집권식으로 조직된 수단을 통해서는 간단히 할 수 있는 일이 아니다. 그러나 병렬적인 구조로 활동하는 작은 규모의 수많은 '매개' 탐색자들로 구성된 분권화 시스템은 매우 정교한 로봇 한 대보다 훨씬 더 효율적으로 토양을 조사할 수 있다.

방금 제시한 예에서와 같이, 최근 몇 년간 기술적인 특성의 문제 해결을 위해 자연에서 해결책을 찾는 연구에 점점 더 큰 비중을 두고 있다. 이 부분과 관련해서는 굳이 식물계만 언급하지는 않겠다. 생물 영감의 관점에서, 미지의 공간을 집단으로 정찰할 수 있는 유기체의 좋은 예는 사회적인 곤충들이다.

수많은 동물이 무리를 지어 행동하면서 독특한 습성을 드러낸다. 전

• 조류 무리는 집단 출현의 특성을 보여주는 전형적인 예다. 이들은 간단한 규칙 몇 가지만으로도 복합적인 결과를 만들어 낼 수 있다.

체적으로 단순한 통합 방식을 통해 하나의 유기체가 행동하는 것처럼 보이는 곤충의 떼나 조류 무리가 바로 그런 경우다. 이처럼 비슷한 집단행동은 점점 더 중요한 연구 분야가 되고 있다. 무리의 기능에 관해 습득하는 기본적인 지식뿐 아니라, 동일한 시스템을 더 다양한 기술 솔루션에 적용할 수 있게 해 줄 실질적인 가능성이 열리기 때문이다. 이 분야의 연구에서 알게 된 장점은 두 가지다. 먼저 이러한 구조들이 매우 튼튼하다는 점과(실제로 계산이나 의사소통의 중심점이 없는데도 다양한 종류의 자극에 저항할 수 있다) 기획과 작용이 간단하다는 점인데, 무리의 행위가 겉으로는 상당히 복잡해 보이지만 사실상 각 탐험 매개자들 간의 간단한 규칙을 바탕으로 발전되었기 때문이다.

그런데 오랫동안 이러한 공동체 무리는 동물만 형성한다고 여겼다. 하지만 조금 더 추상적인 이론으로 따져보면, 독립적으로 결정을 내리고 중앙 집권적 조직이 없으며, 의사소통을 위해 간단한 규칙을 이용하고, 집단으로 행동하는 개별적인 매개자들의 집합이 이러한 공동체와 비슷하다. 식물의 경우도 모듈식 구조가 곤충의 집단 서식지와 동등하다고 볼 수 있다.

식물을 모듈식 부분으로 이루어진 콜로니로 보는 것이 새로운 아이디어는 아니다. 고대 그리스에서 철학자이자 식물학자인 테오프라스토스Teofrastos, 372-287 a.C.는 '반복은 식물의 본질이다'라고 기록한 반면, 18세기에 에라스무스 다윈과 요한 볼프강 폰 괴테(그렇다, 소설 『친화력』의 저자다)와 같은 저명한 식물학자들은 나무를 반복적으로 전개되는 모듈식 식민지로 여겨야 한다고 생각했다. 그리고 조금 더 최근에는 프랑스의 식물학자 프랜시스 할Francis Hallé이 식물이 단일한 부분의 집합으로 이루어진 몸체를 소유한 분절적 유기체이며, 뿌리 기관에서의 모듈의 순환성과 위계적 등급의 반복이 전형적인 프랙탈fractal 분석 이론을 통해 뿌리를 연구할 수 있었다고 설명했다.

그러니까 토양을 탐사하는 뿌리 기관의 행동을 관찰해 보면 중추 신경계 없이도 성장 모델이 전혀 혼란스럽지 않다는 것을 알 수 있다. 오히려 해야 할 임무를 더 완벽하게 협력하고 계획할 수 있다. 예를 들어 뿌리는 산소나 물, 온도를 비롯해 일반적인 영양소 등 매우 미약한 성분을 감지하고 이 성분들의 근원까지 아주 정확하게 파악하는 놀라운 능력을 갖고 있다. 그러나 공간의 변화로 인한 방향 전환 없이 매우 흔한 환경 요소들을 어떻게 감지할 수 있는지에 대해서는 아직 미스터리로 남아 있다.

몇 해 전, 나는 동료인 프란티섹 발루스카František Baluška와 함께 뿌리를 조류 무리나 개미 군락과 동일하다고 간주하고 집단 유기체로서 뿌리를 연구하기로 했다. 이러한 접근은 매우 효율적이었고, 뿌리 기관의 구조와 뿌리 기관이 토양을 탐사하여 자원으로 이용하는 방식이, 곤충 사회의 연구에 사용된 모델과 유사한 집단행동의 모델을 사용하면 매우 정확하게 설명될 수 있었다. 개미 한 마리를 예로 들면, 아주 미세한 성분을 따라 이동하는 일이 거의 불가능하다. 사실상 성분의 위치가 변화하면 곤충은 길을 잃고 제자리를 찾을 수 없다. 그러나 개미는 무리를 지어 행동한다는 점을 생각하면, 한 군락이 이 정도의 난관은 간단하게 극복할 수 있다. 이들은 환경으로부터 얻은 정보를 지속적으로 연구하는 거대한 통합 센서 매트릭스와 같이 행동하기 때문이다. 그렇게 우리는 뿌리끝들이 개미 군락처럼 모두 함께 모여 작용하면서 위치의 변동으로 인한 장애를 최소화한다는 것을 알아냈다.

그리고 한 뿌리끝에서 다른 뿌리끝으로, 즉 서로 다른 독립적인 매개체들 간에 정보를 전달하는 프로토콜도 곤충 군락에서처럼 '스티그머지stigmergy'를 기초로 할 가능성이 매우 높다. 스티그머지는 환경의 변화를 선택하는 행위로, 의사를 전달하는 전형적인 비(非)중앙 집권식 통제 시스템 기술이다. 스티그머지의 전형적인 예는 자연에서 관찰할 수 있는데, 일반 개미나 흰개미의 경우 페로몬의 화학적 흔적을 통해 간단한 진흙 공에서 아치와 기둥, 방, 도주로 등을 갖춘 둥지까지 놀라우리만치 복잡한 작업을 해낸다. 그러나 스티그머지는 곤충에게만 작용하는 것이 아니며, 심지어 인터넷 커뮤니케이션도 사용자들이 공유 환경에 남긴 메시지를 통해 다양한 방식으로 스티그머지를 저장한다.

식물은 문제에 대응하고 매우 복잡하더라도 해결책을 선택하기 위해 무리들 간의 즉각적인 상호작용을 할 수 있는 유기체다. 분산 조직과 위계 구분의 부재로 가능해진 이러한 능력은 인간의 행위가 나타나는 수많은

• 흰개미도 일반 개미와 마찬가지로 매우 복잡한 행동을 할 수 있는 군락을 이룬다.
•• (pp. 154) 거대한 공중 뿌리를 지닌 '벵골보리수(Ficus benghalensis, 혹은 반얀트리 나무)'의 예.

장소를 포함해 거의 모든 자연 환경에 존재할 정도로 매우 효율적이다.

아테네인들과 꿀벌,
민주주의, 식물의 모듈

흔히 아는 것처럼, 민주주의는 그리스어에서 유래되었고('krátos del démos', 시민의 지배라는 뜻), 이 그리스 원어는 기원전 500년경 아테네가 인류에게 선물한 권력 운영 방식의 경이로운 변화를 정확하고 정열적으로 설명한다. 인류가 권력을 얻은 때부터 문명 건설의 초석도 마련되었다. 어쩌면 그때부터 지금까지 민주주의의 개념 자체는 제대로 알려지지 않았고, 그로 인해 시민이 자신의 권리를 표명할 시스템이 아주 많이 바뀌었다. 고대의 아테네인이 지금 이 세상의 어느 '민주주의' 국가에서 다시 깨어난다면 그에게 익숙한 정부 체제와 유사한 점만 확인하는 데도 상당한 곤란을 겪을 것이다.

아테네의 민주주의 주권 체제는 18세 이상의 모든 시민이 형성한 이른바 집회(민회)로 이루어졌다. 집회에서 대다수에 의해 내린 결정은 입법 및 정부 활동에 결정적인 가치를 지녔다. 간단히 말해 아테네의 체제는 그 어떤 중개자도 두지 않는 권력 운영 방식을 사용하는 직접 민주주의였던 것이다. 현재 우리에게 익숙한 체제와 비교했을 때 가장 큰 차이점이자 대표적인 민주주의의 이름으로 취하기에 가장 적합한 체제다.

권력의 직접적인 운영이 더 나은지, 대표자들에게 임무와 결정을 위임하는 것이 더 효율적인지는 고대부터 논쟁이 되던 문제였다. 예를 들어 플라톤은 자신의 저서 『프로타고라스protagoras』에서 소크라테스를 공공의 삶에 대한 문제를 결정할 만한 적절한 지식이 없는 민중의 능력을 강하게 비판하는 인물로 묘사했다. 플라톤은 소크라테스에 대해 다음과 같이 생각했다.

> 그러나 나는 우리가 집회에 모여 도시의 건물 건설에 대해 논의할 때는 건축가들을 자문으로 부르고, 배에 관한 문제를 다룰 때는 조선공을 부르고, 이외에 배우고 가르칠 수 있다고 판단되는 다른 모든 일도 그렇게 이루어져야 한다고 본다. 그리고 사람들이 전문가로 여기지 않는 누군가가 조언을 하려 하면, 프리타니Pritani의 명령으로 궁수들이 그를 데려가 사냥할 것이다. 사람들의 생각에 기술을 바탕으로 해야 하는 일이 있다면, 아테네인들은 그렇게 한다. 반면, 도시의 행정에 관한 결정을 해야 할 때는 건축가나 대장장이, 제화공, 상인, 선주, 부자, 가난한 자, 귀족, 평민이 조언을 하기 위해 일어나고, 예전과 달리 그 누구도 이들이 누구에게 배우지도 않았고 누구의 제자인 적도 없는데 조언을 하려 한다 해서 비난하지 않는다. 따라서 '아테네인들'은 '도시를 다스리는 능력'을 가르칠 수 있다고 생각하지 않는 것이 분명하다.

소크라테스가 아테네 시민이 '폴리스polis'의 삶과 관련한 모든 것에 결정적인 발언을 한다는 원칙에 동의하지 않은 이유로 내세운 논리는, 찬란한 영광의 아테네 시대부터 지금까지 시민의 직접적인 권력 운영을 어떻게 구현할 것인지에 대한 모든 논란에 반향을 일으켰을 것이다. 직접 민주주의가 인류 역사상 어쩌면 가장 비옥한 시대를 규정했다는 사실에 대해서도 체제를 비판하는 자들은 한계적이라 치부하기도 했다. 반면 과두제를 지지하는 자들은(우리와 동시대를 사는 사람들도) '자연적'이라 정의하는 내용을 더 흥미롭고 효율적이라 여긴다. 요약하면, 계층의 형성이(쉽게 말하면 아주 강력한 법칙이나 밀림의 법칙의 형성) 자연의 탄생과 함께 이루어졌다는 것이다. 달갑지 않지만, 우리는 이런 법칙들에서 벗어날 수 없다. 플라톤의 또 다른 유명 담화집 『고르기아스Gorgias』에서 칼리클레스(Callicles, 철학자)는 '법은 약자들에 의해, 약자들을 위해 만들어졌다. 그러나 자연 자체는 더 가치 있는 정당한 존재가 되려면 가치가 덜한 자보다 우선해야 한다. 즉, 무능력한 자 위의 능력자가 되어야 한다.'라고 주장한다.

이런 복잡한 문제의 요지는 정확히 그 의미를 따지는 게 아니다. 가장 흔한 오류가 있는 분야부터 정리해 보자. 자연에서 공동체를 위한 결정을 내리는 개인이나 단체를 뜻하는 계층은 많지 않다. 사방에 이런 계층이 보이는 이유는 우리가 인간의 시선으로 자연을 보기 때문이다. 다시 말하지만, 우리의 눈은 우리와 닮아 보이는 것으로만 이동하고, 우리와 다른 것은 모두 무시한다.

사실상 과두제는 찾아보기 힘들고, 상상 속의 계층 구조와 소위 말하는 밀림의 법칙은 하찮고 어리석다. 중요한 것은 이와 유사한 구조가 '제대로 기능하지 않는다'는 것이다. 자연에서 광범위하고 분산되어 있으며, 통제의 중심이 없는 조직이 언제나 가장 효율적이다. 최근 진보한 생물학계의 집단행동에 대한 연구에서 다수의 개체가 내린 결정들이 거의 항상 소수가 택한 결정보다 우월하다는 것이 밝혀지고 있다. 물론 복잡한 문제 해결에서 단체의 능력이 놀라울 만큼 발휘되는 경우도 있기는 하다. 따라서 민주주의가 자연에 대항하는 제도라는 생각은 자연을 거스르는 개인적인 권력에 대한 갈증을 정당화하기 위해 인간이 만든 달콤한 거짓말일 뿐이다.

동물 공동체를 예로 들어보자. 동물 집단은 이동할 방향이나 해야 할 행동, 그리고 이러한 행동을 할 방법 등에 관한 결정을 계속 내려야 한다.

이 경우 동물 집단의 행동 모델은 무엇일까? 이러한 결정이 하나, 혹은 소수의 동물이 라리사 콘래드Larissa Conradt와 로퍼T.J. Roper가 '횡포적'이라 설명한 계몽적인 규칙에 따라 결정될까, 아니면 가능한 다수의 동물이 '민주적'인 모델에 의해 공감한 것일까? 과거에는 대부분의 학자가 주저 없이 동물계에서의 결정은 하나, 혹은 소수 구성원의 몫이라고 답했을 것이다.

학자들이 그러한 대답을 확실하게 할 수 있었던 이유는 민주적인 결정이 내려질 가능성은 일반적으로 투표를 하고 투표수를 헤아릴 줄 아는 능력, 이 두 가지와 연관되어 있기 때문이다. 이러한 능력은 인간이 아닌 동물에게서는 정확하게 찾아볼 수 없는 특성이다. 얼마 전까지도 이러한 특성을 관찰할 수 없다는 사실이 극복 불가능한 장애물이 되어 인간이 아닌 다른 종에서의 집단 결정 메커니즘에 대한 원인 분석이 불가능했다. 그러나 최근에는 특별한 신체의 움직임이나 소리의 방출, 공간에서의 위치, 신호의 강도, 수많은 비언어 의사소통 수단을 확인하여 집단 결정을 내리는 동물의 능력에 관해 상상도 못할 가능성이 열린 상태다.

2003년, 앞서 언급한 콘래드와 로퍼가 동물들이 공동 선택을 내리는 방법에 대한 연구를 발표한 바 있다. 두 연구자는 집단 결정이 동물계에서는 규칙이라는 점을 거듭 강조하고, 참여 '민주주의' 메커니즘을 바탕으로 결정을 내리기 위해 가장 빈번히 사용한 방법임을 규명했다. 실제로 '횡포적'인 방법과 달리, 참여 민주주의 방식은 공동체 전체의 구성원들에게 비용 절감을 보장할 수 있다. '전제군주'가 가장 숙련된 개인이고 단체의 규모가 꽤 큰 편이라 해도, 민주적인 절차가 더 나은 결과를 보장한다. 간단히 말해, 의사 결정의 참여는, 진화로 인해 더 많은 보상을 얻는 시스템인 것이다. 집단의 선택은 '계몽 지도자'의 결정과 비교해도 더 많은 공동체 구성원의 요구에 응할 수 있다. 콘래드와 로퍼가 기록한 바로는, '민주적

• 수룡기린Euphorbia dendroides은 지중해 스크럽의 대표적인 종이다. 최고 2미터에 이르는 대생(한 마디에 잎이 두 장씩 마주 달리는 것—역주) 줄기와 가지가 달린 관목을 형성한다.

결정은 덜 극단적인 경향이 있으므로, 집단에게 더 유익하다'.

꿀벌의 구체적인 예를 들어 동물 집단의 행동 역학을 조금 더 알아보자. 사회적인 방식으로 행동하려는 꿀벌의 성향은 고대부터('무리의 지능', 혹은 '집단 지능'과 같은 표현을 생각하기 훨씬 전부터다) 꿀벌의 식민지가 무리 구성원의 전체 수에 비해 훨씬 복잡한 이유를 연구한 사람이라면 다 알고 있는 사실이다. 실제로 꿀벌 조직은 기본적으로 하나의 구성원이 뉴런의 역할을 하는, 뇌의 기능을 연상시키는 메커니즘을 나타낸다. 꿀벌 떼가 어떤 결정을 내려야 할 때마다, 예를 들어 새로운 벌집을 건설할 때 그러한 메커니즘이 나타난다.

벌집이 일정한 규모 이상 커지면, 새로운 벌집을 건설하기 위해 본진에서 일부가 분할되어야 한다. 그래서 여왕벌이 거의 1만 마리나 되는 일벌을 거느리고 새로운 벌집을 세울 장소를 찾아 떠난다. 이주할 벌들은 본진 벌집에서 꽤 멀리 떨어진 곳까지 날아가, 나무 한 그루에서 며칠씩 머무르면서 놀라운 일을 한다. 탐색 벌들이 주위를 살피고 다양한 가능성에 대한 정보를 갖고 돌아오면, 고대 아테네의 집회처럼 진정 민주적인 토론이 시작된다.

그렇다면 수많은 장소 중에서 새로운 벌집을 건설할 최적의 장소를 어떻게 정할까? 다양한 상황에서 여러 번 진화된 시스템을 이용해 결정을 내린다. 결론적으로 집단 전체를 이용하는 것이다. 자연은 무수히 많은 집단행동의 예를 보여준다. 통제 센터가 없는 시스템은 어디에나 있다. 우리는 의식하지 못해도, 우리의 개인적인 결정도(각자에게 해당되는 결정) 집단적인 방식으로 내려진다. 생각과 감각을 만들어 내는 우리 뇌의 뉴런은, 새집을 짓기 위한 최적의 장소를 정해야 하는 꿀벌의 방식과 동일하게 작용한다. 뉴런이나 꿀벌, 두 시스템 모두 다양한 옵션 중에서 기본적으로 경쟁이 포함되고, 뉴런에서 결정되었든 곤충들이 춤을 추며 전기 신호를 생산하든, 더 광범위한 동의를 얻은 쪽이 우세하다.

다시 꿀벌을 관찰하러 돌아가 보자. 아까 꿀벌들이 나무에 매달려 있는 동안, 탐색 벌들은 돌아다니면서 다양한 옵션들을 평가한다는 이야기를 했다. 그리고 이 탐색 벌들이 돌아와 무리에게 자신들이 방문한 곳들의 특성을 보고한다. 이때의 보고는 진정한 춤을 선보이는 공연과 같다. 탐색 벌이 방금 다녀 온 장소가 마음에 들면 들수록 춤이 더 복잡해진다. 이때 다른 벌들은 수준 높은 춤에 매료되어 문제의 장소를 방문하러 가고, 다시 돌아오면 기존의 탐색 벌들의 선전용 춤에 합류한다. 요약하

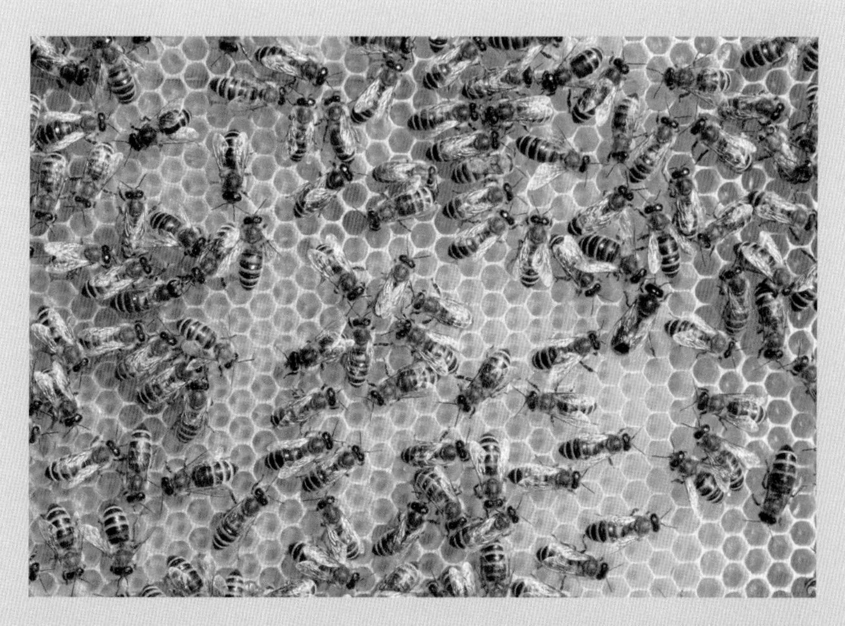

• 꿀벌 떼도 대부분의 동물 무리처럼 여러 선택 사항 중에서 동의한 수를 바탕으로 공동 결정을 내린다.

면, 춤추는 꿀벌 무리가 점점 더 크게 형성되고 가장 많이 홍보된 장소는 더 많은 벌들이 방문하게 되고, 그런 식으로 점점 더 그 장소들을 지지하는 벌의 수가 증가하게 된다. 압도적인 춤은 다양한 장소를 대표하는 다른 춤 동료들의 관심을 받고, 결국 더 많은 꿀벌을 설득한 춤의 장소가 벌집으로 선택된다. 그러면 여왕벌은 자신의 무리와 함께 가장 숫자가 많은 집단이 정한 방향으로 향한다.

꿀벌의 방문이나 뉴런의 활성화, 아테네 집회의 결정에 이르기까지, 이 모든 경우에서 경쟁의 승자는 자신이 속한 단체의 구성원으로부터 가장 많은 동의를 얻은 자다. 한편, 박테리아에서 인간에 이르기까지(정확하게 식물도 포함한다) 생명이 있는 유기체를 대상으로 한 집단행동에 관해 증가하고 있는 연구들이 내가 보기에는 매우 중요한 결론으로 모아지고 있는 듯하다. 이 결론은 집단의 조직을 관리하여 집단을 구성하는 각 개체의 지능보다 우월한 집단 지능을 발생시킬 수 있는 일반적인 규칙이 존재한다는 것이다. 아직도 자연에 아주 강한 법칙이 적용된다는 통속적인 관념을 느낀다면, 어리석은 일이라 여겨야 한다. 자연에서 공동 결정은 복잡한 문제를 올바르게 해결하는 최선의 방책이다.

집단의 힘,
배심원의 정리

앞서 언급한 것처럼, 새 벌집을 짓기에 가장 적합한 장소를 결정해야 하는 꿀벌과, 문제에 대한 대안을 생각해야 하는 우리 뇌의 뉴런은 상당한 유사성이 있다. 벌떼와 우리의 뇌는, 각 개체는(꿀벌이나 뉴런이나 다를 바 없다) 최소한의 개인 정보와 최소한의 지능을 갖고 있지만, 개체들이 모인 집단은 올바른 결정을 내릴 수 있도록 조직되어 있다. 벌떼와 뇌, 두 경우 모두 집단의 구성원 사이에서 진정한 민주주의적 투표를 통해 선택이 이루어진다. 한 장소를 다녀 온 꿀벌의 최대 수, 혹은 전기 신호를 생산한 뉴런의 최대 수가 최종적인 결정을 내리게 하는 것이다. 이는 우리의 개인적인 선택 사항들도 자연 곳곳에서 일어나는 일처럼, 민주적 선택 과정의 산물이라는 뜻이다. 이 점을 잘 기억해 두자. 집단이 있으면 유사한 시스템들이 발달한다는 사실은 '무리를 구성하는 개체 중 가장 현명한 개체보다 더 현명한 집단'을 만드는 일반적인 조직의 원칙이 존재한다는 것을 증명하는 것이다.

1785년, 저명한 경제학자이자 수학자, 프랑스의 혁명가인 콩도르세 후작Condorcet, Marie-Jean-Antoine-Nicolas Caritat은 개체들이 모인 특정 집단이 올바른 결정을 내릴 가능성에 대한 이론을 완성했다. 소위 '배심원의 정리'라 하는 이 이론에 의하면, 배심원의 수가 증가함에 따라 배심원들이 모인 집단이 가장 정당한 결정을 내릴 가능성이 증가한다. 그러니까 콩도르세는 배심원들이 숙련되고 경쟁력이 있다면, 심판의 효율성은 배심원의 수와 정비례한다고 생각한 것이다. 종합하면, 문제를 해결해야 하는 집단에서 최선책에 도달할 가능성이 집단의 규모 증가와 함께 커진다.

'두 머리가 한 머리보다 더 나은 생각을 한다'는 속담의 수학적 탈바꿈 정도로만 보일 수 있으나, 이 이론은 혁명의 시작이었다. 콩도르세는 정치에 관한 민주적 결정 과정에 강건한 기반을 마련하기 위해 자신의 생각을 정립했다. 그런데 사실 그의 이론은 그 이상의 성과를 거두었고, 이론적 기초를 세워 이후에 집단 지식에 대한 모든 연구의 초석이 됐다. 집단의 상호작용이 낳은 지식과 뿌리 및 곤충의 노동에서 본 지식, 그리고 우리 뇌 기능에서도 기초가 되는 지식이 모두 같은 집단 지식이다.

가족에서 회사, 스포츠팀, 군부대에 이르기까지 모든 인간 집단이 이러한 특성을 경험했다. 그리고 현재, 인터넷으로 보장된 공유 덕분에 인류 전체가 서로 연결되고 있다. 이렇게 많은 개인이 통합되면 무엇이 발전될까? 범세계적인 연결은 진화의 새로운 단계를 나타내며, 인간 종에게 전례 없는, 지금은 상상도 할 수 없는 능력을 가질 수 있게 해 줄 것이다. 사람과 컴퓨터가 연결된 집단은 이미 다양한 분야에서 새로운 가능성을 낳고 있다. 소프트웨어 코드 작성이나 공학적인 문제 해결을 비롯해 거짓말 탐지, 백과사전 제작…… 집단 지식을 사용한 사례의 목록은 하루하루가 지날수록 길어진다.

따라서 집단 지식은 복합적인 문제를 해결해야 하는 상황에서 개인이 결정할 때보다 월등한 결과를 얻을 수 있는 집단의 능력을 의미하며, 이 원리의 응용 가능성은 매우 전망이 밝다. 최근 베를린 라이프니츠 연구소 어류 생물, 생태학부의 맥스 울프(Max Wolf, 그가 집단행동 전문가인 것이 우연은 아닐 것이다)가 조직한 공동 연구팀에서 방사선 사진으로 유방암을 정확하게 진단하는 전문의 그룹의 능력을 세부적으로 연구한 결과를 발표했다. 유방암 진단은 일반적으로 오탐(false positive, 긍정 오류, 거짓을 참으로 잘못 판단하는 것—역주) 20%와 미탐(false negative, 부정 오류, 참을 거짓으로 잘못 판단하는 것—역주) 20%를 예상하는 일이다. 그러나 맥스 울프는 의료팀이 정족수를 충족한 다수결 투표처럼, 전형적인 집단 지식을 동원할 경우 그룹 내 의료진 중 최고의 의사 한 명이 내리는 진단보다 더 정확한 진단 결과를 얻는다는 것을 증명했다.

근래에는 이러한 집단 능력이 과학적인 문제 해결에도 사용되고, 다양한 분야에서 기대 이상의 결과를 낳았다(단백질의 구조나 나노 물질의 특성 파악 등). 2016년 4월, 오르후스Ahrhus 대학의 덴마크 물리학자 몇 명이 인터넷 이용자 수만 명을 동원해 수십 년간 연구하던 양자물리학 문제를 풀 수 있다는 것을 증명했다.

그렇다면 집단의 힘을 더 잘 이용하는 법을 계속 배우면 앞으로 어떤 일이 일어날까? 우리는 집단 지식의 진정한 특성에 대해 수많은 것을 배울 수 있고, 문제 해결이나 현재로서는 불가능한 목표의 달성에 점점 더 많은 개인을 참여시킬 수 있는 혁명의 초입에 서 있다.

논리의 허점

두뇌가 없는 생명체의 대다수가 결정을 내리고 문제를 해결하고 지속적으로 변화하는 환경에 적응하는 현상을 파악하기란 쉬운 일이 아니다. 식물이 바로 그런 예인데, 이들은 인간을 포함한 대다수의 다른 생명체가(모든 생명체는 아닐 수 있다) 선택한 매우 효율적인 분산 지식 메커니즘을 사용한다. 결국 뇌를 소유하고 있는지 아닌지의 여부는 문제가 되지 않는 것이다.

우리가 내리는 결정이 하나인 듯 보일 수 있고, 또 대부분 추론과 논리의 산물이라 생각하려 하지만 사실 그렇지 않다. 이 장에서 설명한 바와 유사한 메커니즘의 결과다. 우리는 이러한 메커니즘을 본능이라 부르고, 우리의 선택의 기반임에도 활동 조건을 조성한다는 사실을 알고 싶지 않다는 이유로 이를 없애려 한다. 우리는 투명한 이론 법칙만 인정하는 지성이 지배하는 순수 이성의 존재가 되는 상상을 즐긴다. 그러나 모든 실험적 증거는 그 반대라고 말한다. 친구나 동료들과 식물의 지능에 관해 열띤 토론을 벌이다가 내게는 명확해 보이는 식물의 행동에 대한 이야기가 나오면, 나는 이런 말을 듣기 일쑤였다. '하지만 자네를 흥분시키는 그런 반응은 추론과 논리의 산물이 아니라 모두 본능적이고 의무적인 거야.' 우리는 어떤 사실을 두고 이에 대한 결정을 내리기 전에 논리적으로 분석한 것을 믿고 싶어 하고, 인간이 주의 깊고 성찰을 하며, 분석적이고 신중하게 문제에 대응하는 존재라 생각하고자 한다. 그러나 현실은 전혀 그렇지 않다. 우리가 하는 행위의 대부분이 무의식적이며 그 어떤 합리성과도 관련이 없는 프로세스를 바탕으로 한다. 독자 여러분에게 이를 증명하려면 시간을 조금 거슬러 올라가 18세기와 19세기 앵글로색슨계의 두 거장의 글을 간략하게 소개해야 한다.

첫 번째 글을 살펴보자. 1779년 조나단 윌리엄스Jonathan Williams가 숙부인 벤저민 프랭클린Benjamin Franklin, 1706-1790에게 특정한 문제에 어떻게 처신해야 하는지 조언을 구하는 글을 쓴 적이 있었다. 이에 대한 벤저민 프랭클린의 답장은 합리적 사고의 보루처럼 인용되는 경우가 많다. 아래의 내용이 그 답장 중 중요한 부분이다.

> 1779년 4월 8일, 파씨Passy
>
> 친애하는 조나단,
>
> 일이 너무 많고, 친구들이 너무 방해를 하고, 몸도 조금 좋지 않아서 네 최근 편지들에 답장이 늦었구나. (…) 몽티유Monthieu 씨의 제안에 대해서는 내가 무슨 조언을 해 줘야 할지 모르겠다. 네 판단을 따르렴. 혹시 무슨 의혹이 있다면, 그러한 모든 이유와 반대되는 모든 이유를 이열 종대로 적어 쏟아 놓고, 이삼 일 정도 이에 대해 생각해 본 후에 대수학 문제를 풀 때처럼 연구해 보렴. 각 열의 어떤 이유나 명분이 일대일로, 혹은 일 대 이, 이 대 삼 등으로 같은 비중인지 살펴보아라. 그렇게 양측에서

> 같은 가치인 것들을 모두 지우고 나면, 한쪽 열에 남아 있는 것이 있을 것이다.(…) 이런 윤리 대수학은 내가 중요한 상황이나 의심이 갈 때 종종 이용하는데, 수학적으로 정확하다고 볼 수는 없지만 꽤 유용했다. 그건 그렇고 이걸 배우지 않으면 넌 절대 결혼하지 못할 것이라 생각한다.
>
> 언제나 네 곁에 있으마, 네 사랑하는 삼촌
> 벤저민 프랭클린

이 윤리 대수학, 혹은 원인의 이중 기재법을 응용한 가장 유명한 예는 찰스 다윈의 수첩에서 찾아볼 수 있다. 사실 나는 찰스 다윈이 프랭클린의 공식을 알고 있었는지 아닌지는 모른다. 물론 프랭클린이 과학과 기술의 진보에 수많은 공헌을 했다는 것은 알았지만, 그의 개인적인 편지까지 읽었을 것 같지는 않다. 그러나 반세기 후에 다윈이 고뇌하던 문제가 결혼을 하느냐 마느냐였으니 우연은 참 재미있는 일이다. 프랭클린이 편지의 마지막에 쓴 글은 정말 다윈을 염두에 둔 듯하다. '프랭클린 이론'을 알았든 몰랐든, 1838년 4월 17일, 스물아홉 살의 찰스 다윈은 지면을 두 열로 나눠 '결혼한다', '결혼하지 않는다'라는 문장을 적은 후 결혼의 장단점을 상세하게 나열했다.

문제의 다양한 측면들을 상세하게 구분해 어느 정도 중요도를 따져서 종이의 양쪽에 나열한 다음 '우월한 쪽'을 가리는 일이 다윈이 선택을 하는 데 도움이 됐을까? 과연 어느 쪽이 선택됐을까? 양쪽을 살펴보면 결혼의 이유를 뒷받침하기가 어렵다. 내용도 많고 비중이 더 높은 쪽은 종이 오른편에 '결혼하지 않는다'인 듯 보인다. 그러나 다윈 이전의 수많은 사람들처럼, 의혹도 있고 합리적인 대수학도 적용해 봤지만 이 목록을 작성한 지 여섯 달이 채 되지 않아서 사랑스럽고 박식하며 부유하기까지 한 사촌

결혼한다	결혼하지 않는다
자식(하느님이 원하시면) 내게 관심을 가져주는 충실한 동반자(노년기의 친구) 사랑과 여가를 함께 할 상대 어쨌든 개보다는 나음. 집과 집을 돌보는 사람 음악과 여성적인 속삭임 이런 것들이 건강에는 좋지만 엄청난 시간 낭비임 그러나 하느님은 평생 일벌처럼 일하고, 일하고, 또 일하는 데 매달려 결국 아무것도 남지 않는 것을 참지 못하는 분이다. 아니, 아니, 그건 안 되지. 자신의 평생을 런던의 안개 자욱한 더러운 집에서 산다고 생각해 보자. 반대로 친절하고 상냥한 아내와 소파, 멋진 벽난로와 책, 그리고 음악이 있는 것을 생각해 보자. 이러한 관점을 말보로 스트리트의 냉혹한 현실과 비교해 보라. 결혼하라, 결혼하라, 결혼하라.	원하는 곳에 갈 수 있는 자유 클럽에서 지적인 남성들과 대화 친척 집을 방문하고 말도 안 되는 일들을 겪을 필요가 없다. 경제적인 걱정이나 자식과 관련한 근심이 없다. 다툼과 시간 낭비 뚱뚱하고 게으름 불안과 책임 책 살 돈이 덜 들어감 자식이 많으면 빵 값을 벌어야 한다(사실 일을 너무 많이 하면 건강에 해롭다) 아마 내 아내는 런던을 좋아하지 않을 것이다. 그렇다면 결론은 귀양을 가서 게으르고 어리석은 나태함 속에서 퇴화될 것이다.

엠마 웨지우드Emma Wedgwood와 열렬한 사랑에 빠져 결혼했다. 그리고 당시의 서신과 증언들을 살펴보면 열 명의 자녀와 함께 이 부부는 매우 행복한 결혼 생활을 했다.

우리 모두 합리적으로 생각한 선택들이(동원 가능한 모든 정보를 선정하고 모든 찬성 및 반대 사유를 평가한 후 선택) 기대한 결과에 도달할 가능성을 최대한 보장하기 때문에 최선이라고 생각한다. 그러나 사실 우리가 내리는 대부분의 결정은 다양한 규칙에 따라 달라진다. 비합리적인 것은 아니지만, 우리가 매일 신성시하는 것과 다른 합리성이 논리적 사고를 이상적으로 만든다. 우리가 식물과 공유하는 합리성은 우리의 영광스러운 대뇌피질에 대한 신중하고 면밀한 조사를 통해서가 아닌 진화의 경험에서 얻은 합리성이다.

조직과 질서가 정말 미덕인가?

벤저민 프랭클린은 단순한 윤리 대수학의 창안자가 아니다. 그는 다재다능하고 생산적인 천재의 상징으로 역사에 기록된 인물이다. 미국의 창시자 중 한 명으로 최초의 미국 공공 도서관을 창설하고, 대학과 소방단을 설립했다. 인쇄공을 거쳐 프랑스 주재 대사, 정치가, 과학자, 미국 최초의 우체국장에 이어 펜실베이니아 주지사를 지내기도 했다. 이외에 피뢰침과 이중초점렌즈, 연기가 안 나는 특수 스토브의 발명가이기도 하다.

간단히 말해 엄청난 재능과 창의력을 지닌 뛰어난 인물이었지만, 도저히 용납이 안 되는 결점 때문에 고민해야 했다. 그의 결점은 정리를 전혀 못 하는 것이었다. 그의 연구실을 찾은 사람은 누구든 탁자와 책장, 바닥 곳곳에 감당이 안 될 정도로 어지럽혀진 문서들의 혼란에 충격을 받았다. 프랭클린은 이 점이 심각하게 고민스러웠다. '모든 것이 제자리에 있고 모든 일은 제때 이루어져야 한다'는 말을 되뇌기를 좋아했는데, 자신이 가장 좋아하는 말을 적용하지 못하는 무능력이 진정한 도덕적 악습으로 느껴졌기 때문이다. 그는 평생 이 약점에서 벗어나려 수차례 시도했지만, 결과는 언제나 실패였고, '정리는 내게 많은 문제를 만들어 주었다. 정리에 관련된 내 단점들이 나는 정말 불쾌했다.'는 글을 남기기도 했다. 그러나 그토록 다양한 분야에서 얻은 결과물의 양이 타의 추종을 불허할 정도로 많고 하나같이 양질이라는 점을 생각하면, 부족한 정리성과 혼란스러운 계획이 프랭클린이 자신의 모든 천재성을 표출하는 데 장애가 됐다고 할 수는 없다.

이러한 예를 보면, 정리를 잘 하는 일이 정말 미덕인지에 대한 의구심이 생긴다. 물론 도서관 사서나 기록보관인, 혹은 대량의 자재를 관리해야 하는 사람이 정리의 중요성을 무시하고 무질서하다면 자신의 일을 제대로 할 줄 모르는 것이다. 그러나 완벽한 정리가 필요한 직종에 속하지 않을 경우, 무질서의 개념을 부정적인 개념으로, 즉 단점으로 보는 것이 옳은가? 정리를 한다는 것은 프랭클린이 생각한 것처럼 '모든 것이 제자리에 있는' 정신적 계층 조직에 응한다는 의미다. 그런데 문제는 모든 것이 있어야 할 자리가 어디인가다.

책상에 넘쳐나는 문서만 생각해 보자. 어떤 시스템이 이 문서들을 분류하기에 적당할까? 분류의 범위는 얼마나 넓어야 할까? 내 개인적인 예를 들어 보겠다. 나는 피렌체 대학에서 학생들을 가르치고 있고, 직업이 이렇다 보니 약간의 관료주의에 지배를 받는 계층에 속한다. 그 결과 내 책상 위에는 매일 정확히 파악할 수 없는 요청들이 쌓여 있다. 자신들이 충분히 할 수 있으면서 내게 전달한 요청들이다. 이탈리아의 끝없는 관료주의 피라미드의 모든 계층이(내가 계층 구조가 없는 식물계를 좋아하는 이유가 이 때문이다) 내게 서식이나 모듈이나 비교, 평가, 정당화, 보고, 상환, 감정, 기록, 결산, 예산을 비롯해 가끔 머리를 스치고 지나가는 모든 일을 요청할 권리가(이 표현을 쓰는 것이 가장 좋다) 있다.

젊은 시절 교수로서의 경력을 시작할 무렵에는 나도 프랭클린처럼 정돈된 책상이 효율성이 높다는 생각을 했다. 그래서 대량의 파일을 준비해 만족을 모르는 관료제의 요청들을 범주별로 정리하기 시작했다. 순식간에 내 연구실은 그 문서 파일이 산을 이뤄 엄청난 공간을 차지했다. 얼마 가지 않아 나는 이탈리아 관료제에 대한 풍부한 상상을 낳을 수 있는 그 수많은 요청을 모두 존중하기 위해 계속 문서를 구분해 정리하다가는 조만간 파일을 보관할 창고를 빌려야 할 것이라는 생각이 들었다. 그래서 여덟 개의 대분류를 초과하지 않도록 정해 놓고 내용의 유사성을 바탕으로

• 내 연구실 책상은 급하게 아주 중요한 문서를 바로 찾을 수 있는 범위 구분이 전혀 되지 않은 자주적 조직의 분명한 예다.

분류하기 시작했다.

처음에는 이 기준이 효과가 있는 듯했다. 범주의 수가 크게 줄어 시간이 절약되고 더 이상 연구실 공간이 부족해서 쫓겨나지 않아도 됐다. 하지만 안타깝게도 이 시도는 오래 가지 못했다. 보관된 것을 다시 꺼내야 할 때마다 대분류가 전혀 도움이 되지 않는다는 것을 알게 된 것이다. 베이징 파견 요청서를 '해외' 파일에 두었던가, '상환' 파일에 두었던가? 아니, 어쩌면 베이징에서 일주일간 강의를 했으니 '강의'에 있지 않을까? 이러니 대분류는 효과가 없었던 것이다. 나는 다시 한 번 창의력을 발휘해 중분류를 두기로 했고, 효과가 있을 거라 믿었다. 거의 1년 동안 환상적인 분류법을 만드느라 고심했다. 맹렬한 관료제의 강물에 합리적인 둑을 놓을 수 있을 것이라 믿었다. 어리석은 생각이었다! 다행히 은혜로운 운명이 나를 구하러 왔고, 인간의 지혜로는 생각할 수조차 없는 가장 숭고하고 평가도 불가능한 범주 구분법을 만나게 해 주었다. 호르헤 루이스 보르헤스Jorge Luis Borges가 『존 윌킨스의 분석적 언어The Analytical Language of John Wilkins』에 소개한 중국 백과사전 『자비로운 천상의 지식 창고』에서도 찾아볼 수 없는 방법이었다. 이 분류에서 동물은 ⓐ 황제에 속하는 동물과 ⓑ 박제동물, ⓒ 훈련된 동물, ⓓ 젖먹이동물, ⓔ 인어, ⓕ 가공의 동물, ⓖ 떠돌이 개, ⓗ 이 분류에 포함되는 동물들, ⓘ 미친 듯 동요하는 동물, ⓙ 헤아릴 수 없이 많은 동물, ⓚ 낙타털로 만든 아주 얇은 붓으로 그린 동물, ⓛ 기타, ⓜ 화병을 깬 동물, ⓝ 멀리서 보면 파리 같은 동물로 구분된다.

거장 보르헤스의 분류 테스트는 명확했다. 그는 철학자 제논Zenon의 아킬레스와 거북이의 역설과 같이, 구분의 가능성이 무궁무진하다는 것을 파악했다. 관료제는 기존의 그 어떤 범주에도 포함시킬 수 없는 새로운 요청, 보르헤스의 분류 중 'ⓝ 멀리서 보면 파리 같은 동물'과 같이 새로운 항목을 만들어야 하는 요청을 계속 만들 것이다. 결국 나는 아무것도 정리하지 않고 새로운 요청서들이 내 책상(다행히 책상이 무척 넓다) 한편에 아무렇게나 쌓이도록 내버려 두는 편이 훨씬 낫다는 결론에 도달했다. 나는 최근 문서 보관에 관해 정신적인 도약을 이룬 이 서류 쌓아 두는 공간을 '상자의 부서진 면'이라 이름 지었다.

이렇게 '정리'의 어두운 면을 포기하고 난 후부터, 무질서가 나에게 많은 도움을 주기 시작했다. 일단 혼란을 정리하지 않으니 엄청난 시간을 절약할 수 있었다. 종이의 양이 참을 수 없을 정도로 많아져서 책상 너머에 있는 사람들이 보이지 않을 정도가 되면, 몇 시간을 투자해서 대청소를 한다. 문서를 뒤적여 보고 거의 다 냉정하게 휴지통에 버린다. 결국 정말 중요한 것은 언제나 손이 닿는 곳에 남는다. 그 외에 나머지는 필요치 않으니 마음 편히 없앨 수 있다. 버릴 서류를 쌓는 시간만 마련하면 된다. 몇 번의 대청소를 하는 동안 한 번도 필요한 적이 없던 문서가 있다면, 이 문서는 종이 더미 깊은 곳으로 사라져 정말 중요치 않았다는 것을 확인하게 된다. 반대로 살펴야 할 필요가 있던 문서는 내가 최근에 얼마나 사용했는지에 따라 책상 위에서 가장 빨리 손이 닿을 수 있는 위치에 놓이게 된다. 아주 중요한 문서들, 즉 아주 자주 보는 문서들은 항상 종이 더미의 윗부분에 놓여 있다. 이외에 다른 문서들은 가차 없이 무용지물의 나락으로 떨어져 누군가 쓸어버린다. 이 논시스템non-system을 이용하면서부터 나는 중요한 것을 잃어버린 일이 단 한 번도 없고, 무엇보다 정말 필요한 것은 언제나 손 닿는 곳에 있었다. 어디에 뒀는지 생각할 필요도 없다!

얼마 전에 캐시(cache, 매우 빠르지만 용량이 작은 메모리 공간으로, 캐시의 목적은 프로그램 실행 속도를 높이는 것이다) 관리를 위해 정보학 분야에서 사용한 전략 한 가지를 알게 됐다. 캐시를 운영하는 알고리즘들은 내 책상의 대청소와 비슷한 문제를 해결해야 한다. 캐시가 가득 차면 알고리즘은 새로운 요소들을 위한 공간 확보를 위해 삭제할 요소들을 선정해야 한다. 최적의 알고리즘으로 알려진, 캐시 알고리즘계의 천하무적 성배 '비레이디Belady'는 일단 앞으로 장기간 필요하지 않은 정보들을 제거할 수 있다. 그러나 특정 정보가 언제 필요할지 예측할 수 없으므로, 실용적인 대체 전략을 사용한다. 이 전략 중 LruLast recently used는 캐시에서 최근에 사용하지 않은 데이터들을 먼저 삭제한다. 내가 대청소를 할 때와 똑같다.

결국 정리의 개념을 품질과 연관시키는 일이 당연한 것이다. 사람들 모두, 어지르는 일이 습관이 된 사람조차도 기본적으로는 프랭클린과 같이, 정리가 잘 될수록 생산성이 높아지고 더 효율적이라는 생각을 갖고 있다. 사실 정리를 한다는 것은 계획을 하고, 유사성이 전혀 없는 것들을 가둘 구조와 새장을 만드는 일이다. 그리고 등급 구분 속에서(신체적이거나 정신적인 구분) 동물 몸의 관료적 조직을 모방하여, 관료제와 계급, 단체, 소그룹을 만든다는 뜻이기도 하다.

식물과 같은 협동조합

국가나 문서보관소, 정치적 모델, 사업 운영, 기구, 논리적인 조직 등 인간은 모든 것을 자신의 이미지대로 만들려 한다. 아니, 자신의 모습이 부분적으로 담겨 있는 이미지를 기초로 삼아(잘 살펴보면, 이 또한 우리 뇌가 분산식, 비계층식으로 작용하기 때문이다) 식물계의 조직과 같이 분산식 구조와 조직 덕분에 발전시킬 수 있는 거대한 창의적, 혁신적 힘을 이용할 가능성을 잃고 있다. 모든 사회에서 본질적으로 계층 구조에 내재된 관료제가 기하급수적으로 증가하고 있다. 이것은 좋지 않은 징조다. 정말이다. 나는 이탈리아가(한때는 이탈리아라는 국가명이 영감과 상상의 대명사였다) 계층구조와 그 구조의 오른팔인 관료주의의 진흙탕 속에 빠져 모든 변화와 혁신의 가능성을 차단하는 모습을 보았다. 그렇게 이탈리아 사회는 지속적으로 변화하는 환경에 맞서기 위해 필요한 유연성을 차단하는 강직한 조직 자체의 무게에 눌려 기울어지고 있다.

간단히 말해, 동물 모델은 겉으로만 아주 안정적, 효율적이다. 그러나 실제로는 붕대를 감고 있는 모델이다. 위계제도가 소수에게 수많은 일을 결정할 임무를 맡기는 조직은 특히 다양하고 혁신적인 솔루션이 필요한 세상에서는 실패할 수밖에 없는 운명에 놓인다. 미래는 식물의 예를 따를 수밖에 없다. 과거에 엄격한 노동 기능의 구분과 확고한 계급 구조 때문에 발전했던 사회들이 앞으로는 자기 영토에 정착하여 분산화되고, 사회 자체의 여러 세포들에게 결정권과 통제 기능을 나누어, 피라미드형에서 수평 분산된 그물형으로 탈바꿈할 것이다.

우리는 인식하지 못하지만, 혁명은 이미 진행되고 있다. 인터넷 덕분에 식물의 구조와 비슷한 비계급적, 분산형 조직의 예가 급증하여 합의를 이루고 있고, 무엇보다 중요한 점은 최상의 결과를 낳고 있다는 것이다. 위키피디아Wikipedia는 식물 조직이 어떻게 구성될 수 있는지를 보여주는 가장 좋은 예다. 수백만 공동작업자의 기여로 위계 조직의 형태는 전혀 찾아볼 수 없고 그 어떤 재정적 인센티브도 없는, 방대하고 매우 널리 알려졌으며, 무엇보다 아주 정확한 백과사전을 제작하는 기적과 같은 사업체가 됐다. 우리가 지금 말하는 백과사전은, 영어판에서만 2018년까지 576만 3,000개 이상의 항목이 수록됐다. 이는 브리태니커Britannica 백과사전 인쇄본 2000권 이상에 실릴 분량이다. 다른 언어까지 생각한다면, 위키피디아는 무려 3,800만 항목, 인쇄본으로 1만 5,000권 이상에 해당하는 내용을 다루고 있다. 이 엄청난 양의 작업은 기존의 통속적인 규칙에 역행함으로써 가능했다.

어떻게 아무런 계층 및 지배적 통제 없이 한 조직이 성공을 거둘 수 있을까? 별도의 계약이나 보상 없이 자신의 노동의 산물을 어떻게 공유할 수 있을까? 아무 자격도 없는 지원자들이 어떻게 전문가 경쟁에서 우위를 차지할 정도의 고품질의 결과물을 만들 수 있는 걸까? 위키피디아는 식물 조직이 이러한 일들을 할 수 있다는 기대감을 내비치며 이러한 질문에 대한 답을 하고 있지만, 아직 시작 단계일 뿐이다. 내가 상상하는 미래에는 식물과 비슷한 조직의 예가 훨씬 더 많을 것이다. 결정 과정의 수직적 통제

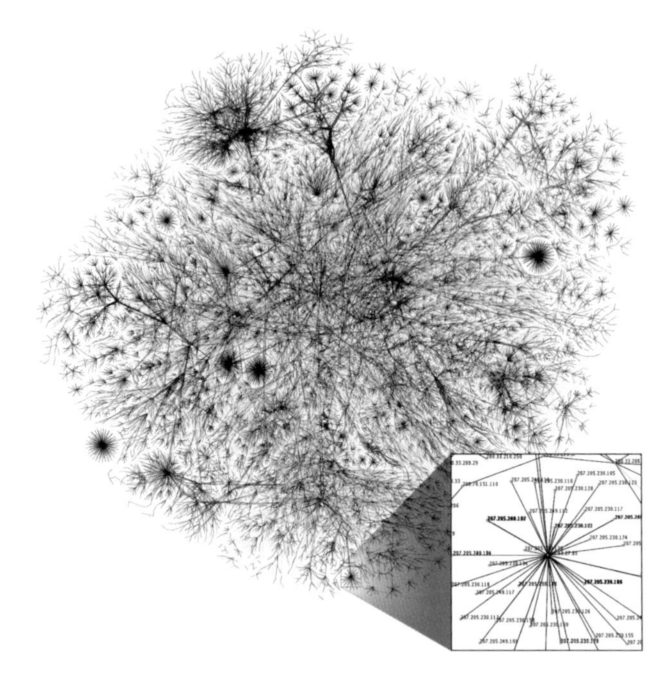

• 인터넷의 지형도는 뿌리 기관과 매우 유사한 모습인데, 이는 둘 다 통제의 중심이 없는 분산형 시스템의 필요성에 맞추었기 때문이다.

를 포기하고, 모든 기능과 사업, 심지어 소유권에 이르기까지 모든 것이 점점 더 많이 분산된 모델이 많아질 것이다.

실제로 적어도 유럽에서는 이러한 구조가(식물 모델을 기준으로 분산형으로 해당 지역에 뿌리를 내린 조직) 오래전부터 존재했다. 바로 협동조합이 그것이다. 협동조합은 계층구조 없이 구성원 전체에 의존한다. 재산은 각 조합원이며, 모든 조합원이 기타의 고려 사항과 상관없이 투표권을 가지며, 누구나 조합원이 될 수 있다. 협동조합은 구조적 특성으로 인해 외적, 혹은 내적 위기에 대한 저항력이 매우 강하며, 간혹 동물의 위계 조직으로 변형하기 위해 식물 조직과 같은 운영을 포기하여 유연성을 잃고 해당 지역에 대한 의식까지 버려 실패하는 경우가 있다.

현재 협동조합과 같은 예는 기본적으로 '신경제new economy'라 정의되는 방향으로의 전환을 꾀하고 있다. 이러한 개념이 소수의 손에 엄청난 이익이 쌓이는 '웹 자이언트Web Giant' 개념과 일치되도록 방치하면 큰 재앙이 닥칠 것이다. 그러므로 식물의 탈중앙 집권 구조를 모방해 우리 조직의 창의성과 내구성을 증가시키는 데서 그치지 않고, 재산 분산의 새로운 형태를 생각해 봐야 한다. 이러한 의미에서 현대의 네트워크라는 특별한 힘으로 통합된 협동조합의 전통이 미래를 위한 가치 있는 대안의 모델이 될 수 있을 것이다. 위키피디아의 예에서 본 것처럼, 협동 시스템이 네트워크와 공동 지식의 잠재력을 학습하면 어떤 결과를 얻을 수 있을지는 상상도 하기 어렵다.

고대 그리스와 르네상스 시대의 이탈리아는 서양 문명사에서 가장 창의적인 시대에 존재했다. 그리스에서는 지리적으로는 서로 멀리 떨어져 있지만 정부의 형태는 모든 시민이 공동 결정에 참여하게 하는 도시국가들이 인류의 모든 지식 분야에 비교 불가능한 창의력의 시대를 열어 주었다. 이탈리아 르네상스 시대에도 소규모의 공작 영지와 군주들을 바탕으로 한 도시국가들이 같은 결과를 얻을 수 있었다. 16세기 초반, 피렌체 거리에서는 레오나르도 다빈치와 미켈란젤로, 라파엘로 같은 인사들을 만날 수 있었다.

2050년의 지구에는 지금보다 3억 5,000명이 더 많은 100억 명의 인구가 살게 될 것이다. 이러한 엄청난 인구 증가에 경각심을 갖게 된 사람이 많은데, 앞으로 자원이 충분치 않을 것이라 예상하기 때문이다. 그런데 나는 이런 경각심이 없다. 생각을 할 수 있는 3억 5,000의 두뇌가 더 생겨 자유롭게 상상하게 될 테니, 문제가 생기는 것이 아니라 자원이 엄청나게 늘어나는 것이라 생각한다. 3억 5,000명이 자유롭게 생각하고 개혁할 수 있도록 내버려 두면 어떤 문제든 해결할 수 있을 것이다. 역설적으로 보일 수 있지만, 앞으로 다가올 미래에 우리는 식물로부터 영감을 얻어 다시 '움직이기' 시작해야 한다.

VII

건축계의 중요한 원천이 되는 최상위 식물

건축은 질서와 배치, 아름다운 외형, 각 부분들 간의 비율, 적합성, 분배일 뿐이다.

_ 미켈란젤로 부오나로티

도시 계획의 재료는 계급 순으로 견고하게 나열된 태양과 나무, 하늘, 강철, 시멘트다.

_ 르 코르뷔지에

의사는 언제나 자신의 실수를 묻을 수 있지만, 건축가는 고객에게 미국산 포도나무를 심으라는 조언밖에 할 수 없다.

_ 프랭크 로이드 라이트

• (pp. 180-181) '빅토리아 연꽃' 잎의 아래쪽 잎맥의 모습. 이러한 구조 덕분에 잎이 엄청난 하중을 견딜 수 있다.

나뭇가지를 모방한 타워

레오나르도 다빈치의 수많은 재능 중 세상에 잘 알려지지 않은 하나는 뛰어난 식물 관찰력이다. 식물의 특성에 대한 중요한 몇 가지, 예를 들어 줄기의 2차 성장 나이테는 무엇이며, 이것이 어떻게 형성되는지에 대한 설명과 나이테의 개수와 두께, 분포를 연구해서 나무의 나이와 나무가 생장하던 시기의 기후를 파악하는 방법 등을 발견한 것이 레오나르도 다빈치였다. 그리고 줄기의 확장을 유도할 수 있는 성장은 특정 조직의 작용에 의한 것인데, 시간이 한참 흐른 후에야 그 '변화'를 확인할 수 있다. '식물의 두께 성장은 수액에 의해 이루어지는데, 이 수액은 4월에 나무의 외막과 목질 사이에서 만들어지고, 이 시기 외막이 껍질로 전환된다.'

그러나 여기서 우리의 관심을 끄는 발견은 다른 것으로, 잎이 가지에 배열되는 원칙, 즉 '잎차례'(phyllotaxis, 그리스어의 잎을 뜻하는 'phyllon'과 배치를 뜻하는 'taxis'의 합성)라는 것과 관련된 발견이다. 레오나르도 다빈치는 찰스 보넷Charles Bonnet, 1720-1793보다 몇 세기 앞서 아주 신중하게 잎차례에 대한 기본 개념을 설명했다. 찰스 보넷은 잎차례의 발견으로 대중에게 인정받은 식물학자다. 그렇다면 잎차례는 정확히 무엇일까? 서로 다른 식물의 가지

• 잎차례는 가지를 따라 배열되는 잎의 순서를 설명한다. 모든 식물이 각자의 잎차례 공식을 갖고 있다.

하나에 잎이 배열된 모습을 주의 깊게 관찰하면, 각 배열이 특정한 규칙을 따르고 있다는 것을 알 수 있다. 어떤 가지에서는 잎들이 다소 촘촘하게 나선형으로 배열되고, 어떤 가지에서는 연속적으로 수직으로 배열되기도 한다. 요약하면, 모든 식물종의 잎에는 배열 규칙이 있다는 것이다. 첫눈에 보기에는 그다지 흥미롭지 않아 보일 수도 있고, 식물의 분류학적 구분과 상관없이 실용적으로 배치된 것 같을 수도 있다. 그러나 어떤 식으로든 우리가 집을 짓는 데 영향을 끼칠 수 있는 발견이라는 생각은 절대 안 들 것이다.

그러나 레오나르도 다빈치는 범상한 과학자가 아니었다. 그는 어떤 현상을 설명하는 데 만족하지 않고 그러한 현상이 발생한 원인을 파악하고, 가능하면 발견한 내용을 실질적으로 적용하여 이용하고자 했다. 그래서 잎차례의 기능에 관한 설명도 추가했다. 잎차례는 잎들이 서로에게 그늘을 드리우지 않고 빛에 가장 잘 노출될 수 있도록 배치되는 것을 말한다. 이러한 배치는 수억 수천만 년 동안의 진화의 산물로, 열매가 맺히는 위치도 이를 모방한 것일 수 있다. 건축가 살레 마소미Saleh Masoumi도 잎차례 탑이라는 놀라운 건물을 설계할 때 그러한 모방을 했다. 마소미는 실제로 가지에 잎이 배열되는 방식에서 영감을 받아 몇 가지 독특한 특징을 지닌 주거용 고층 건물을 설계했다.

어떤 건물이나 주거용 타워의 아파트에서 흔히 발생하는 문제 중에는 다른 세대에 둘러싸여 외부와의 직접적인 연결이 불가능하다는 점이 있다. 일반적으로, 아래층의 천장은 위층의 바닥이 된다. 이런 조건에서는 각 세대에 들어가는 햇볕의 양이 최대 일조량의 일부밖에 되지 않는다. 그러나 마소미의 타워는 아주 획기적인 방식으로 이러한 문제를 해결한다. 건물의 중심축 주위로 잎차례의 배치 방식에 따라 세대를 구성하여 모든 세대가 가지에 달린 잎처럼 한쪽 면으로 햇볕을 받는 것이다. 심지어 각 세대가 하늘과 맞닿아 있어서 태양광을 모아 에너지로 활용할 수도 있다.

사실 다양한 높이에 위치한 표면들을 햇볕에 노출시키기 위한 최적의 잎차례 방식은 존재하지 않는다. 시도와 실수를 통해 긴 여정을 겪은 진화가 모든 잎의 한 면이 가장 많은 빛을 받을 수 있게 해 주는 결과를 선택한 것이다. 그것을 건축물에 응용하면, 얼마 전까지는 상상도 할 수 없던 에너지 절약의 결과를 보장하고, 우리가 건물의 구조를 생각하는 방식에도 혁명을 일으킬 수 있었다. 아마 천재인 레오나르도 다빈치는 언젠가 잎의 배열에 대한 연구 덕분에 새로운 타워들이 설계되리라고 예상했을 것이다. 어쨌든 레오나르도의 관심의 대상이 무엇이었든 간에(식물도 포함된다!), 그는 과학이 어떻게 응용 분야도 전혀 예측할 수 없는 결과를 양산하는지에 대한 매력적인 예시를 수없이 남겨 주었다.

만국박람회를 구한 빅토리아 연꽃

19세기 전반, 식물학뿐 아니라 건축을 위한 연구 사례가 될 운명의 '빅토리아 연꽃'의 서사시가 시작됐다. 이 식물의 역사는 작명을 할 때부터 아주 난국이었다. 빅토리아 연꽃이 프랑스에 상륙한 것은 1825년이었다. 이 식물의 씨앗과 설명을 보낸 사람은 프랑스의 자연주의학자이자 식물학자, 탐험가인 아이메 봉플랑Aimé Bonpland, 1773-1858이었는데, 이 식물의 발견을 세상에 공개하지도, 이 새로운 종에 이름을 지어 주지도 않았다. 1832년 독일인 탐험가 에두아르트 프리드리히 플라푀그Eduard Friedrich Poeppig, 1798-1868가 아마존 우림지역에서 이 식물을 확인하고 처음으로 이에 대한 설명을 발표하고 '에우리알레 아마조니카Euryale amazonica'라 불렀다. 그리고 1837년에 마지막으로 존 린들리John Lindley, 1799-1865가 빅토리아 여왕에 대한 존경을 담아 '빅토리아 아마조니카(빅토리아 연꽃)'라 개명한다. 우리가 이 종에 관심을 갖는 이유는 우아한 자태와 크기로 전 세계 관객을 매료시켰다는 점 외에도, 결코 평범치 않은 거대한 잎의 강건함으로 건축가와 공학자들의 환상을 일깨웠다는 것 때문이다. 빅토리아 연꽃은(요즘은 어느 식물원에서나 인기 있는 슈퍼스타 식물이 됐다) 금방 소수의 학자와 애호가 외에 대중에게도 유명인사가 되었고, 19세기 후반에는 대중의 아이콘으로 자리매김했다. 빅토리아 연꽃 모양이 직물이며 책, 벽장식에 사용되고, 밀랍으로 만든 연꽃이 대유행하고, 거대한 잎에 어린

• 수련과의 수생 식물인 빅토리아 연꽃의 잎은 지름 2.5미터까지 자랄 수 있다.

아이들을 태우고 유유히 떠다니는 일러스트가 이국적인 이 수생식물에 대한 호기심을 자극했다. 물론 빅토리아 연꽃의 탁월한 조직력도 전문가들의 관심에서 벗어날 수 없었다. 어떻게 한 장의 잎이, 분산 배치만 잘 하면 찢어지거나 변형도 되지 않고 최대 45킬로그램의 하중을 견딜 수 있을까? 그보다 더 궁금한 것은 이 강력한 특징을 복제할 수 있을까 하는 것이었다.

빅토리아 연꽃의 잎은 커다란 원형 쟁반 모양에 크기는 지름이 최대 2.5미터에 이르며, 가장자리가 서 있고, 잔잔한 물에 바닥을 붙이고 있다. 그리고 그 물 밑으로 줄기가 길게 이어져 있고 몸체는 진흙 속에 묻혀 있다. 잎의 윗면은 밀랍이 포함되어 있어 물이 묻어도 물방울로 맺혔다가 흘러내린다. 잎의 밑부분은 적자색이며 물고기와 수생식물을 먹고 사는 매너티manatees의 공격을 피한다. 잎맥 사이의 공간에 공기가 들어 있어 물 위에 떠 있을 수 있

• 채즈워즈 하우스 온실 안에서 '빅토리아 연꽃' 잎의 좋은 예를 들고 있는 조셉 팩스턴

다. 하나의 뿌리에서 40~50장의 잎이 자라며, 이 잎들이 수면을 뒤덮어 빛을 차단하여 다른 식물의 성장을 제한한다.

1848년, 빅토리아 연꽃의 여정은 조셉 팩스턴Joseph Paxton, 1803-1865의 여정과 교차하게 된다. 조셉 팩스턴은 조상 대대로 채즈워즈 하우스Chatsworth House에 살던 데본샤이어Devonshire의 여섯 번째 공작 윌리엄 캐번디시William Cavendish의 수석정원사였다. 팩스턴은 흠잡을 데 없는 원예 실력 덕분에 아주 젊을 때부터(당시 갓 스물세 살이 되었다) 공작의 정원을 돌보는 업무로 채즈워즈에 고용됐다. 영국의 귀족 사회 사람들에게는 흔한 일이었는데, 캐번디시 역시 식물에 상당히 집착하고 있었다. 세계적으로 주요 정원으로

• '빅토리아 연꽃'의 잎은 수십 킬로그램의 무게를 견딜 수 있을 정도로 아주 견고한 구조를 취하고 있다.

꼽히는, 거대한 온실과 울창한 수목원이 딸린 개인 식물원을 소유하고 있었다. 심지어 현재 우리 식탁에 오르는 것 중 40퍼센트 이상이 이 채즈워즈 하우스에서 나오는 바나나이다. 바로 모리셔스Mauritius 바나나인데, 조셉 팩스턴이 소문난 재배 실력을 한껏 발휘해 채즈워즈 하우스에서 수확량을 급증시키고 '무사 캐번디시Musa cavendishii'라는 이름으로 자신의 후원자에게 바쳤다.

대영제국의 국가적 특성 중 하나는 경쟁을 좋아한다는 것이다. 윌리엄 캐번디시와 노섬버랜드Northumberland의 공작은 빅토리아 연꽃을 누가 먼저 재배해서 꽃을 피우는지를 두고 치열한 경쟁을 벌였다. 윌리엄 캐번디시가 승리하리라 믿고 의지한 인물은 팩스턴이었고, 그가 적임자였음이 증명됐다. 1848년, 수석정원사 팩스턴은 큐왕립식물원에서 씨앗을 구했다. 그리고 온실에 난방을 해서 원래 서식지의 기후 조건을 조성하고 씨앗을 지극정성으로 번식시켜 단 몇 개월 만에 개화시켰다. 이 식물의 꽃은 거대한 잎 때문에 채즈워즈 하우스에서 가장 관심을 끄는 식물의 하나가 됐고, 빅토리아 여왕도(팩스턴이 뛰어난 선견지명으로 훌륭하게 자란 표본을 선물했다) 프랑스 대통령 나폴레옹 3세(얼마 후 황제가 됨)와 함께 방문했다.

이 꽃이 정말 특이하다는 것은 수분이 확실하게 이루어지기 위해 사용한 기본 절차에서부터 알 수 있다. 빅토리아 연꽃은 비교적 수명이 짧고(이틀 정도) 초기에는 하얀색이다. 봉우리가 열린 첫날 저녁에는 파인애플

• 조셉 팩스턴이 크리스털 팰리스의 설계에 사용한 '빅토리아 연꽃'의 잎 아랫면 구조.

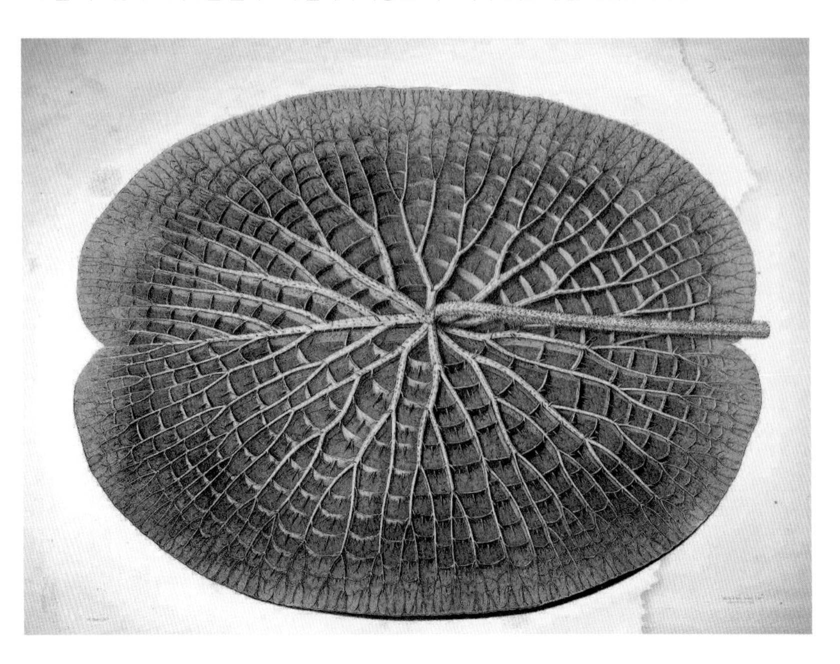

향 같은 달콤한 향기로 꽃가루를 옮기는 역할을 하는 딱정벌레를 유혹한다. 이외에도 빅토리아 연꽃은 다수의 수분 매개자들이 올 수 있도록 열화학 반응을 이용해 꽃의 온도를 높인다. 이러한 기술을 '흡열', 혹은 '열 발생'이라 부르는데 아주 적은 수의 특별한 식물종만 할 수 있다(약 450종의 알려진 꽃식물 중 단 11종만 열 발생 현상을 나타낸다). 이러한 식물들의 열 생산은 모두 수분매개자의 유혹과 관련이 있다. 이유는 다양하다. 열이 곤충에게 직접적인 보상이 되는 경우도 있고, 유혹의 기능을 하는 화학 성분의 휘발성을 높이기 위한 것일 수도 있다. 그리고 포유류의 배설물의 온도를 모방하는 것일 수도 있고, 마지막으로 파리의 산란을 촉진하는 것일 수도 있다. 어쨌든 꽃이 열을 발생하는 것은 수분매개자를 끌어들이기 위한 것이며,

• '빅토리아 연꽃'은 개화 후 첫날 밤은 흰색이며 다음 날 밤에는 분홍색이 된다. 이 식물은 딱정벌레에 의해 수분이 이루어진다.

빅토리아 연꽃도 이 원칙에서 벗어나지 않는다.

이 단계에서 연꽃은 온전한 암컷이며, 딱정벌레가 다른 식물에서 모은 꽃가루를 받을 준비가 된 상태다. 연꽃의 내부로 침투한 곤충들이 암술머리에 꽃가루를 옮겨 수정이 이루어진다. 그사이 꽃잎이 닫히고 곤충들은 다음 날 저녁까지 안에 갇혀 있게 된다. 이튿날 아침, 꽃이 변형되어 수컷의 특성을 나타내며 꽃밥이 숙성해 꽃가루를 생산한다. 저녁이 되어 꽃잎이 다시 열리면 색도 적자색으로 바뀌어 수정이 이루어졌다는 신호를 보내며, 이때부터는 아무런 향기도 발산하지 않고 열기가 오르지도 않는다. 안에 갇혀 있던 곤충도 다시 자유를 찾아 밖으로 나오는데 몸에 꽃가루가 듬뿍 묻은 상태다. 이제 이 곤충이 다른 식물에게 날아가 위의 과정 전체가 반복된다(한 종자가 한 번에 딱 한 송이의 흰 꽃을 피운다). 수정이 되어 수분매개자를 밖으로 내보낸 꽃은 다시 닫히고 수면 아래로 내려간다.

그러나 1848년에는 이러한 과정이 전혀 알려지지 않았다. 그러니 그 시절에 이미 꽃을 피웠다는 것은 정원사계의 왕이 이룬 가치 있는 성공이다. 실제로 팩스턴의 명성은 그 많은 식물 애호가들의 경계를 뛰어넘어 식물과 관련이 없는 사람들에게도 확산됐다. 이것은 승전 역사의 시작에 불과했다. 빅토리아 연꽃은 조셉 팩스턴에게 오랜 세월 수많은 성공을 선물했다.

1851년 런던에서는 제1회 만국박람회를 기획 중이었다. 두 번 다시 개최하기 어려운 행사라 제대로 치르려면 하이드 파크Hyde Park 내에 전 세계 대표단과 수백만의 방문객을 맞이할 대형 구조물을 건설해야 했다. 세간의 이목을 집중시킬 이 행사는 대영제국의 위대함을 찬양하기 위해 화려해야 했고, 필요한 것들도 수없이 많았다. 박람회 프로젝트는 그러한 필요들을 만족시켜야 했다. 무엇보다 구조물 건설이 오래 걸리면 안 되고 정

• 1851년 제1회 만국박람회 개최를 위해 하이드 파크 내에 제작된 크리스털 팰리스의 전체 풍경.

말 신속하게 완공해야 했다. 건설 비용이 또 다른 걸림돌이었다. 제국을 위대하게 만든 절제의 원칙 안에서, 최소의 비용으로 기능적 조건들을 만족해야 하는 구조물을 선택해야 했다. 이 구조물의 설계를 위한 경연에 유럽 전역의 건축학자들이 참여했다. 박람회 기획 위원회는 245개의 기획서를 받았고, 오랜 분석 끝에…… 모두 퇴짜를 놨다.

심사에 그렇게 많은 시간을 들였건만, 제출된 수많은 설계도 중에서 마땅한 것이 단 하나도 없으리라고는 누구도 상상 못 했다. 이제 행사까지 몇 개월 남지 않았는데 대규모 박람회를 개최하기 위해 무엇을 해야 할지 몰랐다. 의회와 신문, 선술집에서도 그렇게 짧은 시간 동안 그 엄청난 규모의 도전을 어떻게 해낼 수 있을지에 대한 이야기뿐이었다. 결국 단시간에 건물의 설계와 제작을 맡을 네 명의 전문가를 임명했다. 안타깝게도 이 방법도 실패했다. 대영제국은 전 세계 여론 앞에서 엄청난 망신을 당할 위기에 놓여 있었다. 제국의 기술 혁신과 사업을 찬양해야 할 박람회가 광대극이 될 상황이었다. 벼랑 끝까지 온 듯한 이런 분위기에서 조셉 팩스턴이 조립식 모듈을 이용해 주철과 유리로 거대한 구조물을 제작하는 혁신적인 아이디어를 제시했다. 역사에 남을 천재적인 직관이었다.

조셉 팩스턴은 거대한 규모의 설계를 발표했다. 그가 제시한 건물은 9만 제곱미터의 면적에 가로 564미터, 세로 124미터, 높이 39미터로 성 베드로 성당 네 개가 들어갈 수 있을 정도의 엄청난 규모였다. 허용된 시간과 비용 안에서 조립식 모듈을 사용한다는 가공할 만한 직관이 아니었으면

• 크리스털 팰리스의 정면 광경. 팩스턴은 '빅토리아 연꽃' 잎의 구조에서 영감을 받아 원통형 궁륭으로 방사형 서까래를 설계했다.

그런 비율의 구조물을 짓기는 불가능할 것이다. 바로 그 무렵, 영국의 기술은 수만 개의 모듈을 신속하게 생산할 수 있을 만큼 진화되어 있었다. 기본 유닛은 한 면이 약 7.5미터인 사각형으로 이루어져 있었다. 거기에 새로운 요소들을 하나둘씩 추가하다 보면, 초기 구조물이 끝없이 확장될 수 있다. 전시 공간도 필요한 모듈의 수를 기준으로 산출됐다.

대량 생산으로 기존의 석조 건물에 비해 시간이 훨씬 덜 걸리고, 비용은 비교가 안 될 정도로 절약됐다. 그뿐만 아니라 박람회가 끝난 후 모두 철거하면, 여러 부품을 다른 용도로 사용하기도 쉽다. 실제로 팩스턴은 거대한 유리 온실을, 하이드 파크의 나무들이 들어갈 만큼 큰 온실을 세우

• 크리스털 팰리스의 모듈 구조도 식물에서 영감을 받았고, 기둥과 하중벽을 모두 없애 내부 표면 전체를 이용할 수 있었다.

자고 건의했다. 팩스턴은 이미 캐번디시 컬렉션 중 귀한 외국 식물을 영국의 추운 기후로부터 보호하기 위한 온실 구조물을 설계해 둔 상태였다. 그의 난방 온실 중에서 그레이트 스토브(Great stove, 커다란 난로)가 가장 인상적인데, 마차를 타고 둘러볼 수 있을 정도로 방대한 열대 식물용 모판이었다. 이 정도의 온실은 팩스턴이 만국박람회를 위해 건설한 구조물에 비하면 아무것도 아니었다.

그러나 이러한 규모의 건물은 엄격한 구조적 조건을 만족해야 한다. 작업도 지정된 기한 내에 한정된 비용으로 완료되어야 한다. 이 부분에서 팩스턴의 두 번째 천재적 직관이 활약한다. 거대한 궁륭(중앙 부분은 높고 주변으로 갈수록 낮아지는 아치형 곡면 구조—역주) 아치를 제작할 때 빅토리아 연꽃의 잎맥을 재현한 것이다. 두 영감 모두(거대 건축물 건설을 위한 모듈 사용과 빅토리아 연꽃의 방사형 구조 사용) 팩스턴의 식물학에 대한 각별한 애정의 산물이었다.

2,000명 이상의 노동자들이 유명 풍자 신문《펀치Punch》의 아이디어로 크리스털 팰리스로 알려지기 시작한 구조물의 건설에 매달렸다. 그리고 4개월 만에 건물이 완성됐다. 팩스턴과 빅토리아 연꽃 덕분에 런던은 제국의 위엄에 걸맞은 성대한 최초의 만국박람회를 개최할 준비를 마칠 수 있었다.

크리스털 팰리스는 전 세계 각국에서 온 1만 4,000명 이상의 출품자들의 입이 떡 벌어지게 했고, 대영제국 기술 혁신력의 명함이 됐다. 이 행사는 잊지 못할 성공을 거뒀고, 500만 명 이상이(당시 영국 인구의 4분의 1) 박람회를 방문했다. 방문객 중에는 찰스 다윈을 비롯해 찰스 테니슨 같은 유명인사도 있었다. 경비를 제외한 입장권 판매 수익은 빅토리아 앤드 앨버트 박물관Victoria and Albert Museum과 과학 박물관, 자연사 박물관 건설을 비롯해 현재도 운영되고 있는 산업 연구 장학 재단 설립에 사용됐다. 이 기적 같은 작업을 가능하게 만든 영웅인 팩스턴은 남작으로 임명됐지만, 빅토리아 연꽃과 식물학에 대한 뜨거운 열정이 여전히 남아 사업가로서 활동하기 시작해 부유해지기까지 했다.

이듬해부터 크리스털 팰리스에는 빅토리아 연꽃이 끊임없이 매력을 발산해 건축가들의 관심을 끌었고, 곳곳에서 빅토리아 연꽃에서 상당한 영감을 받은 건설에 도전했다. 수많은 건축물 중 핀란드 출신의 미국 건축가 에로 사리넨Eero Saarinen이 설계한 뉴욕 존 F. 케네디 공항 제5터미널과 1956년도에 지은 건축가 안니발레 비텔로찌Annibale Vitellozzi의 스포츠 단지를 떠올려 볼 수 있다. 그리고 거대한 잎을 지닌 이 식물의 매력 발산은 멈출 기미가 없는 것 같다. 몇 년 전 건축가 뱅상 칼보Vincent Callebaut가 릴리패

• 1956년 네르비와 비텔로찌가 로마 스포츠 단지 건설에 '빅토리아 연꽃' 잎의 엽맥 구조를 모방했다.

• 손바닥 선인장은 멕시코가 원산지이나, 지중해 분지 전체에 적응하여 퍼져 나갔다. 이 선인장은 소량의 담수로 생존하기에 완벽한 구조를 갖추고 있다.

드Lilypad라는 이름의 떠다니는 도시를 건설하자는 제안을 했는데, 완벽하게 독자적인 이 도시는 최대 5만 명을 유치할 수 있고 빅토리아 연꽃의 형태에서 영감을 받았다. 결국, 이 식물과 건축가들의 사랑 이야기는 아직 끝나지 않은 것이다.

선인장에서 영감을 얻은 고층 빌딩

손바닥선인장Opuntia ficus-indica은 세계 곳곳의 건조 기후 및 반건조 기후 지역에서 매우 흔한 식물로, 가뭄에도 잘 적응해 생장이 가능하다. 그리고 바로 그 능력이 수많은 건축 분야에 영감을 불어 넣을 힌트를 준다. 사막 환경에서 생존하려면 흔치 않은 능력이 필요하다. 우선 식물 내부의 온도가 70°C 이상으로 오를 정도의 극단적인 열기에 견딜 수 있어야 한다. 생존에 필요한 물은 4월 어느 하루 런던에 내리는 비의 양보다 연평균 강수량이 적은 환경에서 얻어야 한다. 그리고 식물을 먹고 사는 동물로부터 스스로를 지킬 수 있어야 한다.

불가능한 도전으로 보일 수 있지만, 손바닥 선인장을 비롯해 선인장 계통에 속하는 수많은 식물종들에게는 가능한 일이다. 실제로 이 선인장들은 구조 자체를 변형하는 아주 놀라운 변태 덕분에 악조건에 자신들의 장점을 활용하는 데 성공해, 매우 건조한 극한의 사막 환경에서도 꿋꿋하게 생존한다. 선인장의 경우 잎이 완전히 사라지기 때문에 이러한 변화를 가장 확실하게 확인할 수 있다. 잎은 광합성의 본거지로 기본적으로 식물의 상징 그 자체가 되는 부분이다. 식물은 이 잎을 통해 갖고 있던 수분의 대부분을 잃는다. 그래서 손바닥 선인장은 잎의 제거와 줄기 내부에서의 광합성 작용을 통해 수분 낭비의 주원인을 없앴다.

광합성 작용도 최대한 수분을 절약하기 위해 변화한다. 선인장과 식물은 환경조건에 아주 유리하게 적응해 증산(transpiration, 뿌리를 통해 흡수된 물이 지상부의 기공을 통해 증발되는 현상—역주)을 통한 수분 손실이 최소인 야간에 이산화탄소를 흡수한다(광합성 과정에 필요). 실제로 모든 식물이 기공 개폐를 올바로 관리하지 못했을 때 문제가 생기며, 일단 문제가 생기면 해결하기가 결코 쉽지 않다. 기공이 열려 있으면 잎에 다량의 이산화탄소가 유입되어 최대한의 광합성이 이루어지기는 하지만, 이 미세하고 광범위하게 확산되어 있는 기공이(담뱃잎의 경우 1제곱센티미터당 1만 2,000개 정도의 기공이 분산돼 있다) 수증기의 유출을 촉진하기도 한다. 해결 방법은 다양한 환경조건에 따른 개폐 전략을 실행하여, 여러 요구 사항들을 만족시킬 줄 아는 것이다.

결국 기후 조건을 잘 이용하려면 완벽한 기공 개방의 조절이 중요하다. 특히 매우 화창한 날 기공의 폐쇄가 조금이라도 지연되면 저항력이 아주 강한 식물이라도 큰 문제가 생길 수 있다.

그래서 광합성을 통한 이산화탄소의 획득과 고정이 동시에, 낮 시간 동안 빛이 있을 때 이루어지는 다른 종의 식물과 달리, CAM(Crassulacean acid metabolism, 크레슐산 대사, 선인장과 식물 고유의 독특한 광합성 형태) 주기를 이용하는 식물은 이산화탄소가 유입되어 당으로 전환되는 과정이 하루 중 다른 시간대에 일어난다. 이런 식물은 밤에 이산화탄소를 흡수하고, 이튿날 빛이 있을 때 흡수된 이산화탄소가 고정된다.

가능한 한 최소량의 수분이 손실되는 것이지만 이는 문제 해결의 일부일 뿐, 충분치 않다. 어느 정도의 수분량은 정상적인 대사 작용을 보장하기 위해 반드시 소비되어야 한다. 그래서 손실된 수분을 보충할 수 있는 다

• 웰위치아 미라빌리스는 칼라하리와 나미브의 사막 지역에서 극한의 건조 조건에서 생존하는 초목이다(소나무, 전나무와 같은 식물 그룹에 속한다).

른 수원지를 찾아야 한다. 그러나 비가 전혀 오지 않는 지역에서 어떻게 수원지를 찾을까? 게다가 토양에 수분양이 제로인 환경이라면? 그런데 실제로 '부채선인장속(Opuntia, 이 속에 손바닥선인장 종이 포함된다)'의 수많은 종이 불가능해 보이는 수분 찾기를 잘 해낸다. 이 식물들은 뛰어난 적응력을 바탕으로, 사막에서 물을 공급할 수 있는 유일한 수원지, 즉 대기에서 물을 흡수하는 법을 터득했다. '위엽(cladode, 흔히 '삽pala'이라 부르는 손바닥선인장의 잎 모양 줄기의 명칭)'을 뒤덮은 아주 가늘고 털과 비슷한 가시들은 동물을 막는 역할뿐 아니라, 대기의 수분을 응결하는 탁월한 능력도 발휘한다. 이 가시 때문에 갇힌 수분이 위엽 내에서 물방울로 맺혀 점점 더 커지는데, 가시의 수많은 기능 중에는 이렇듯 식물의 기본적인 수분을 보유하는 기능도 있다. 식물이든 동물이든, 수많은 종들이 표면의 독특한 구조적 특성을 이용한 이와 유사한 시스템으로 대기의 수분을 응결한다.

이러한 수분 응결은 나미브에 가보면 알 수 있다. 나미브의 사막은 현재뿐 아니라 아주 오래전부터 지구에서 가장 건조한 지역 중 한 곳이었다. 사하라를 비롯해 기후가 지난 10만 년 동안 건기와 우기에 상당히 큰 차이가 있던(심지어 단 1만 5,000년 안에 녹색 기후로 돌아갈 것이라는 예측도 있다) 다른 사막들과 달리, 나미브 사막은 최소 8억 년 동안은 회복될 수 없는 건조한 기후다. 수많은 종들이 바다에서 육지의 사막으로 간혹 밀려들어오는 안개 속에 포함된 수분을 이용하는 법을 배워 건조한 기후에 적응하며 진화할 정도로 긴 시간이다. 나미브 지역의 토종 식물 중 '웰위치아 미라빌리스(Welwitschia mirabilis, 찰스 다윈의 유명한 정의에 의하면 식물계의 오리너구리)'는 성장이 계속되는 동안 단 두 장의 잎을 생산하고, 이 잎들은 길이 5미터까지 자란다. 이 식물은 정말 살기 힘든 극한의 기후에 수천 년의 세월 동안 제대로 적응했다. 실제로 웰위치아 표본 중에는 2,000년 이상 된 것들도 있으며,

• '웰위치아 미라빌리스'는 주근taproot이 아주 깊이 박혀 있고, 5미터까지 자라는 두 장의 잎을 지니고 있다.

이름이 아프리칸스어(남아프리카공화국의 공용어—역주)로 '트위블라르칸니에두트tweeblaarkanniedood', 절대 죽지 않는 두 장의 잎이라는 뜻이다. 영국의 식물학자 조셉 후커Joseph D. Hooker, 1817-1911는 이 식물을 '이 나라에 들어온 적이 없는 가장 특이하고 추한 식물'이라고 정의했다. 그리고 이 식물은 뿌리의 길이가 생존에 영향을 미치지 않는다고 보았다. 대신 아주 오래전부터 구멍이 뚫린 긴 잎들의 기능, 즉 급격한 온도 변화로 바다 안개가 대기 중에서 응결되면서 생긴 물방울을 흡수하는 기능의 효율성에 따라 수명이 좌우된다고 믿었다.

안개딱정벌레라는 곤충도(나미브 사막의 고유종으로 거저리과Tenebrionidae에

• 공기 중의 습기 응결을 통해 민들레 씨앗의 섬유에 모인 미세한 물방울.

속하는 곤충) 대기의 습기를 수집하기 위해 유사한 메커니즘을 진화시켰다. 예를 들어 '나미브사막풍뎅이*Stenocara gracilipes*'는 바다에서 불어오는 바람과 45도 각도로 서서 날개를 이용해 습기를 포획하는데, 이 날개의 표면은 친수성인 부분과 소수성hydrophobic인 부분이 교차되어 있다. 안개에 포함된 수분들이 날개의 친수성인 부분에 계속 붙어 어느 정도 큰 물방울이 형성되면 곤충의 입으로 곧장 굴러 떨어진다. 이러한 메커니즘 전체가 대기에서 수분을 흡수할 수 있는 특수 직물을 생산하는 데 적용되었다.

거미줄과 같은 얇은 구조물도 대기에서 수분을 모을 수 있는데, 이러한 기술은 지난 역사에서 인간도 물이 충분치 않은 지역에서 물을 구하기 위해 사용했다. 이 분야를 전문적으로 연구하는 데 평생을 바친 피에트로

라우레아노Pietro Laureano 덕분에 우리는 이와 유사한 실질적인 첫 번째 증거가 '태양의 무덤'에서 이미 확인되었다고 주장할 수 있게 되었다. 태양의 무덤은 청동기 시대의 특별한 고분으로, 이중의 원으로 이루어져 있으며 복도를 따라 가로지르면 무덤 중앙에 움푹 파인 외부가 나타난다. 이러한 건물은 예배를 드리는 용도 외에 수분 컨베이어로도 사용되었을 것이다. 이탈리아의 풀리아Puglia나 시칠리아Sicilia의 건조 지역에서 이와 같은 메쌓기(시멘트 등의 접착제 없이 석재만 쌓아 건설하는 건축 방식—역주) 구조물들을 찾아볼 수 있는데, 용도는 동일했다. 습한 공기가 내부의 온도가 낮은 돌(햇볕에 노출되지 않는 데다가 서늘한 지하실 때문에 온도가 낮아짐) 사이로 침투되면, 낮아진 온도로 인해 물방울이 응결되고 이 물방울이 구덩이 중심에 모이게 된다. 밤 시간대에는 이 과정의 순서가 바뀌어 돌의 외면에서 동일한 결과가 나타난다. 오랫동안 잊혔지만, 이러한 기술들이 수세기 동안 사하라와 같은 악조건의 지역에서도 인간에게 물을 공급했다. 현재 피에트로 라우레아노와 같은 인물들의 연구 덕분에 이 기술의 사용이 우리 시대에 맞는 기능으로 다시 급부상하고 있다.

이러한 의미에서, 손바닥선인장과 같은 선인장과의 수분 응결 능력에 관해 얻은 지식이 점점 더 효율적이고 기술적으로 진화된 시스템, 식물이 사용한 탁월한 특성을 모방한 시스템의 설계에 중요하다고 판단된다. 예를 들면, 카타르의 농무성을 유치할 고층 빌딩이 선인장만의 적응 방식에서 영감을 받아 건설되었다(카타르는 연평균 강우량이 70밀리미터밖에 되지 않는다). 건조 지역 식물들의 성장에서 배운 소중한 지식을 바탕으로 선인장 형태의 기둥 모양에서부터 건물 전체의 공기 순환을 보장하는 통풍구와 같은 것들이 설계되었다.

건축가 아르투로 비토리Arturo Vittori가 설계한 와카 워터는 물의 수집

• 아르투로 비토리가 설계한 와카 워터의 모습. 대기의 수분을 응결하여 물을 생산할 수 있는 구조물이다.

및 응결 시스템의 기술과 지속성을 반영한 또 다른 예다. 이름에서도 식물에서 영감을 얻었다는 것을 금방 알 수 있는데, 와카warka는 에티오피아 토종 거대 무화과(Ficus vasta, 안타깝게도 점점 희귀해지고 있다) 산지의 이름이다. 이 거대 무화과는 과실수로서, 엄청난 규모 덕분에 만남의 장소로 사랑받고 있어 문화적으로나 지역 생태계 측면에서 지역사회에 매우 중요한 요소다. 와카 워터는 나무 스타일의 형태를 하고 있으며(이 멋진 디자인은 2016년 세계 디자인상을 수상했다), 고효율 응결 작용을 위해 특별히 고안된 특수 네트워크 덕분에 에티오피아 같은 건조한 환경의 대기에서 하루에 최대 100리터의 물을 생산할 수 있다. 매우 저렴한 비용으로 효율성 및 건축학적인 아름다움을 갖춘 구조물이다. 와카는 식물에서 영감을 얻은 완벽한 예로, 뛰어난 혁신가들이 제대로 만들기만 하면 우리 미래의 형태와 기술에 혁명을 일으킬 수 있을 것이다.

사원의 기둥에 재현된 숲 나무들의 웅장함이나, 아칸서스acanthus 나뭇잎으로 장식된 코린트식 기둥의(비트루비우스(Vitruvius, 로마 시대의 건축가)가 전설적인 칼리마쿠스(Callimacus, 아테네의 조각가,가 발명한 것이라 했다) 섬세한 기품은 오래전부터 식물이 건축가들에게 제공한 아이디어를 생각할 때마다 떠올릴 수 있는 수많은 예 중 하나일 뿐이다. 이집트인들이 룩소르Luxor 사원의 기둥 제작에 파피루스의 줄기 모양을 모방한 때로부터 수천 년이 흘렀지만, 식물은 지금도 여전히 건축계에 힌트를 주는 중요한 원천이 되고 있다. 내 개인적인 바람으로는 이러한 경향이 앞으로도 계속됐으면 한다. 자연이 인도하는 형태를 따르면 추악한 것을 만들기가 오히려 더 어렵기 때문이다.

VIII

끈질긴 생명력, 우주식물

NASA

VEGGIE
getable Production System
Light
OK
ON
OFF

공룡이 멸종한 것은 우주 프로그램이 없었기 때문이다. 우리가 멸종되지 않는다면 그것은 교훈으로 삼아야 할 우주 프로그램이 없기 때문일 것이다!

_ 래리 니븐

풀잎이 지구에서는 정상적인 것이지만, 화성에서는 기적일 것이다. 화성에서 우리 후손들은 작은 녹지의 가치를 알게 될 것이다.

_ 칼 세이건, 『창백한 푸른 점』

• (pp. 210-211) 베지는 나사NASA가 무중력 상태에서의 식물 재배를 위해 설계한 미니 온실이다.

우리의 우주여행 동반자

'화성에 첫발을 디딜 사람은 이미 태어났다.' 몇 년 전부터 세계 항공우주국들 사이에서는 이 말이 끊임없이 반복되는 주문이 되어 버렸다. 우주 연구의 미래와 관련한 인터뷰나 학술회에서 우리 중에 이미 또 다른 암스트롱이 있다는 것에 대해 이견이 나오지도 않았고, 이미 예견된 일인 것처럼 이것을 굳이 다시 한 번 상기할 의무를 느끼는 사람도 없다. 정말 새로운 화성인이 우리 중에 있는지 아닌지에 대해서는 내가 무엇이라 할 말이 없다. 우주 연구에 관심이 있는 사람이라면 또 한 가지 공감하는 것은 인간을 화성에 보내는 데 해결하지 못할 기술적인 문제는 없다는 것이다. 이미 오래전부터 우리는 역사에 남을 이 사업을 준비하고 있었다. 그러나 40년이 넘도록 달에도 다시 가지 않고 있다. 1972년 12월 14일, 사흘 전에 달에 착륙했던 챌린지 호에 다시 올라 38만 킬로미터를 날아(평균 거리) 집으로 돌아온 미국의 우주인 유진 서난(Eugene Cernan, 최근 사망했다)이 우리가 사랑하는 위성을 마지막으로 방문한 사람이다. 유진 서난은 시간이 흐른 후에야, 1969년 7월 21일에 달에 처음 발을 디딘 닐 암스트롱Neil Armstrong만큼 유명해지고 있다.

달은 지구 바로 옆에, 화성과 지구까지의 거리와 비교하면 우스운 거리에 있다. 지구와 화성의 간격은 각각 가장 가까운 궤도의 한 지점에서 측정해도(이 두 지점은 26개월에 한 번씩, 두 행성이 태양과 일직선을 이룰 때 가장 가깝다) 무려 5,500만 킬로미터에 이른다. 우주 탐사 분야의 경제적인 문제나 우선순위의 대립도 그렇고, 우리의 태양계 정복을 늦출 기술적인 어려움이 그렇게 많지는 않을 것이다. 어떤 경우든 우리가 확신할 수 있는 한 가지는, 어느 목적지이든(가깝든 멀든) 우리는 우주로의 영토 확장을 위한 다음 발걸음을 내딛겠지만, 식물 없이는 갈 수 없다는 것이다. 그런데 우리가 이 점을 망각하는 경향이 있다. 인간이 식물에 '완전히' 의존하고 있다는, 반박의 여지가 없는 논리를 없애려 한다는 표현이 옳을 듯하다. 우리가 소비하는 음식과 산소는 식물계에서 생산된 것이다. 식물계 없는 생명 유지는 불가능하다. 냉정하게 생각하면, 이 세상에서 우리가 움직이는 능력을 강하게 제한하므로 진정한 중독이라 할 수 있다. 우리는 식물이 생명의 원동력이라는 사실을 분명히 알아야 한다. 그런데 계속 설명이 불가능한 '플랜트 블라인드니스plant blindness'에 빠진다. 우리는 잠수부가 산소통 없이 물속에서 오래 있을 수 없다는 것은 당연하게 생각한다. 그런데 인간 종이 모든 면에서 식물계에 완전히 의존하는 것도 같은 맥락인데 왜 이해하지 못하는 걸까? 우리가 지구 밖의 어느 곳으로 이동하고 싶다면(궤도 내에서 단 몇천 킬로미터라도) 반드시 양질의 식물을 동반해야 한다!

우주 사절단에 인간과 함께 식물을 가져가야 하는 이유는 수없이 많다. 맷 데이먼Matt Damon이 식물학자이자 우주비행사를 연기한 리들리 스콧Ridley Scott 감독의 2015년 영화 「마션The Martian」을 본 사람은 내가 무슨 말을 하는지 금방 알 것이다. 영화에서 주인공인 천재적인 학자 마크 와트니Mark Watney는 사고로 화성에 혼자 남겨져 화성의 흙에서 감자를 재배하며 살아

남는다. 감자를 키우는 이유 중 몇 가지는(식량과 산소) 명확하게 나오지만, 그 외에 다른 명분들은 장기 우주 파견 임무의 성공에 매우 중요한 비중을 차지하는데도 거의 찾아볼 수 없었다. 그 명분 중에는 당연히 식물이 우리 인간의 심리적 평정에 긍정적인 영향을 끼친다는 점도 포함된다.

긴 여정의 우주여행을 떠나기 전에 해결해야 할 수많은 문제 중에서 실제로 인간적인 문제가 핵심 중 하나로 꼽힌다. 현재의 지식으로 화성에 간다면 6~7개월에서 1년 정도의 시간이 필요할 것이다(수송할 수 있는 연료의 양을 비롯해 해결해야 할 문제의 난이도에 따라 달라진다). 지구로 돌아올 때도 마찬가지의 시간이 필요할 것이고, 몇 개월간(1년 이상일 가능성이 높다) 붉은 행성에서 지내면서 지구와 화성의 궤도가 다시 적당한 위치로 돌아올 때까지 기다려야 한다. 이러한 시간 계산은 금방 할 수 있다. 화성 여행은 총 2년에서 3년 정도 소요된다. 그럼 이제 고작해야 몇 제곱미터밖에 되지 않는 작은 상자에 갇혀 지내야 한다는 점을 생각해 보자. 사용할 수 있는 공간이 좁디좁은데 사방에 모서리와 기계가 가득하고, 공간 구분도 모호하고 중력까지 없는 가운데 서너 명의 동료 대원들과 함께 지내니 사생활 보호 따위는 생각도 할 수 없다. 그것도 3년 동안 말이다. 여러분은 이것이 어떤 악몽인지 상상할 수 있을까?

화성 여행의 조건을 재현해 지구에서 진행한 시뮬레이션에서, 수천만 명의 지원자 중에서 무엇보다 강한 정신력 때문에 선발되었는데도, 대원들은 단 몇 개월의 훈련 후에 정신 장애의 징후를 나타내는 문제적 성향을 보였다. 시뮬레이션을 실시한 환경이 실제 우주 파견 시의 조건과 상당히 차이가 있었는데도 말이다. 요약하면, 인간적인 문제가 정말 극복해야 할 장애인 것이다. 파견 대원을 선정할 때는 기술적인 조건만 갖춘 것이 아니라 몇 개월의 합숙 후에도 자멸하지 않을 사람을 뽑아야 하기 때문에 여전히 중요한 문제로 남아 있다. 누구든 우주인으로 선발되기를 바라지만, 정말 임무를 끝까지 완수할 수 있을까? 수년 전부터 전문팀이 이 문제를 연구하고 있다. 여러분 생각에는 어떤 방법이 최상의 결과를 낳을 수 있을 것 같은가? 그 방법은 양질의 식물, 즉 파견 대원에게 지극히 유용한 유기체를 파견단과 함께 보내는 것이다.

식물의 존재가 인간의 마음에 끼치는 유익한 효과가 세상에 알려진 지는 수십 년이나 됐다. 정신 장애를 앓는 사람들이 전 세계에 확산된 수많은 '교정치료' 센터에서 식물과의 관계에서 도움을 얻고 있다. ADHD(주의력 결핍 장애)를 앓는 취학 연령의 아동들은 식물이 있을 때 훨씬 더 성적이 좋은 것으로 나타났다. 십여 년 전에 내가 운영하는 연구실 Linv에서도 이 주제에 관한 연구를 발표한 적이 있다. 당시 우리는 다수의 초등학교 2학

• 피렌체 대학 연구실 사진. 내가 동료들과 이 책에 소개한 수많은 연구를 하는 곳이다.

년과 4학년(일곱 살과 아홉 살 어린이들) 학생들을 대상으로 식물이 있는 공간과 없는 공간에서, 즉 학교 정원과 창문으로 푸른 나무가 보이지 않는 교실 안에서 주의력 테스트를 실시했다. 당연히 교실이 집중을 하기에 훨씬 적합한 환경이었지만(소음도 없고 주의가 산만하지도 않은데), 식물이 있는 학교 정원에서 나온 결과가 월등하게 좋았다.

이제 다시 우주에서 인간의 삶에 대한 식물의 중요성 이야기로 돌아오자. 2014년, ISS(International space station, 지구 주변 궤도에 있는 우주 정거장)의 베지Veggie라는 미니온실에서 식물 재배 활동이 시작됐다. 이 온실에서는 샐러드 야채만 생산되는 것이 아니었다. 2016년 1월에는 처음으로 무중력 상태에서 아름다운 꽃도 자랐다(백일초였다). NASA의 첨단생명지원활동부 관리자인 레이몬드 윌러Raymond Wheeler는 이러한 실험이 우주비행사들의 기분에 매우 긍정적인 영향을 끼친다는 것을 알았다. 그래서 인공 생태계 구현을 통해, 한 범위에 속하는 생명체들의 잉여물이 다른 생명체에게 자원이 되는 전형적인 지구 생태계의 미생물과 동물, 식물의 상호작용을 모방한, 우주에서의 생명 유지를 위한 재생 모듈Bioregenerative life support systems, Blss 생산을 위한 연구가 심화되었다. 이러한 모듈에서 식물은 광합성 작용을 통한 산소 생산과 이산화탄소 제거를 비롯해 증산작용을 통한 물의 정화, 마지막으로 신선한 식품의 생산 등 중요한 역할을 한다.

우주에서 식물을 기르려면 지속적인 조사가 필수 조건이다. 인간이 미래를 상상할 때 언제나 빠지지 않던 주축 중 하나인 우주탐사가 어떻게 농업 같은 고대 활동과 불가분의 관계에 놓여 있는지를 생각한다는 것 자체가 상당히 매력적이다. 그런데 이 생각은 항공우주국을 별관 정도로 여기던 공학자나 물리학자들의 귀에는 거슬렸던 모양이다. 수십 년 동안 항공우주국 직원 중에 식물학자(농경제학자는 말할 것도 없다)는 찾아볼 수 없었

• 네덜란드 노르트베이크의 Esa 센터에 있는 슈퍼원심분리기는 전체적인 고중량으로 과중력 실험을 할 수 있다.

다. 그러나 약 20년 전부터 상황이 달라지기 시작했다. 아주 비타협적인 기술자들도 식물의 존재가 우주 탐사와 식민지화의 가능성을 굳히는 진정 엄격한 '규칙'이었다는 것을 인정할 수밖에 없었다.

간략히 말하면, 식물에게(결국 모든 유기체에게) 우주 환경이 지구와 다른 점은 중력 조건과(보통 지구보다 낮다) 강력한 우주광선의 영향이다. 무중력 상태의 우주에서 자란 식물은 간혹 염색체 이상이나 생물적 주기가 변화하는 문제가 나타나기는 하지만, 대부분 적응을 한다. 일반적으로 지구보다 과중력hypergravity, 높은 극미중력microgravity 조건들이 식물에게 스트레스의 주원인이다. 그러나 가뭄이나 극단적인 열, 염분, 산소 결핍을 비롯해 식물계가 진화 중에 만날 수 있는 수많은 스트레스 요인과 달리, 무중력은 지구에서 태어난 모든 유기체에게는 새로운 것이다. 이유는 간단하다. 우리 지구에서는 모두가 평균 9.81m/s^2(혹은 1g)의 중력 가속도의 영향을 받는다. 사실상 중력은 지구에서 나타나는 모든 생물학적 현상에(물리적, 혹은 화학적 현상에도 영향을 끼친다) 영향을 끼치는 기본적인 힘이다. 생물의 생리 현상이나 신진대사, 구조, 의사소통 방식, 모든 생명체의 형태가 중력의 영향에 의해 형성된다.

중력이 기본적인 힘이라는 것은 언제나 존재하는 힘이라는 뜻이다. 최소한이라도 존재하기는 하는 것이다. 따라서 무중력에 대한 개념은 이론일 뿐이다. 사실, 무중력이 아니라 극미중력이라 하는 것이 더 올바른 표현일 것이다. 지구에는 단기간에 충분한 극미중력(10^{-2}에서 10^{-6}g)을 얻어 그 여파를 체험할 수 있는 여러 가지 방법이 있다. 유럽항공우주국은 중력의 변화가 식물에 끼치는 영향을 연구하기 위해 ISS 외에 몇 명의 연구원을 투입하고, 파라볼릭 비행선과 브레멘의 '드롭 타워drop tower', '사운딩 로켓sounding rockets', 노르트베이크의 슈퍼원심분리기와 같은 시스템도 동원했다.

드롭 타워는 브레멘 대학에서 건설한 146미터 높이의 탑으로, 실내에서 5초간의 자유낙하 실험을 할 수 있다(무중력 상태와 비슷한 조건을 갖추고 있다). 사운딩 로켓은 스웨덴의 키루나Kiruna 기지에서 발사한 실제 미사일이며, 내부에서 45분까지 무중력 상태로 실험을 할 수 있다. 노르트베르크 Esa의 슈퍼원심분리기는 말 그대로 거대한 원심분리기로, 수백 킬로그램 중량의 실험도 할 수 있다. 이러한 장치를 통해 목성의 질량을 지닌 행성에서 가질 수 있는 중력 수치인 2.5g에서 식물이 우주여행 중 가속화되는 동안 받을 수 있는 아주 높은 수치까지, 다양한 중력의 영향을 가상으로 실험할 수 있다.

수년간 내 실험실에서 중력의 변화가 식물의 생리에 끼치는 영향을

• 브레멘 대학의 '드롭 타워'는 단기간의 극미중력의 영향력을 연구할 수 있는 탁월한 과학 시설이다.

연구하기 위해 이 도구들을 사용했다. 무중력 상태에서 활성화되는 스트레스 신호에 관여하는 주요 유전자를 밝히는 법을 터득한 Linv의 실험은 2011년 5월 16일 인데버 우주왕복선Shuttle Endeavour의 마지막 여행에 초대되는 영광을 누렸다. 이들이 얻은 결과 덕분에, 앞서 말한 것처럼 중력 가속도가 식물의 생리에 스트레스가 되는 가설을 공식화할 수 있었다. 희소식은 일반적인 스트레스 환경에서처럼 식물이 중력의 변화에도 잘 견뎌 순응할 수 있다는 것이다.

우주의 조약돌

나는 예전부터 우주 연구와 그 주위를 맴도는 기술자와 과학자, 광기 있는 사람들, 몽상가들의 세계를 사랑했다. 그래서 2004년에 Esa에서 파라볼릭 비행 원정 실험을 하자는 우리의 제안을 받아들였을 때, 내가 처음 한 생각은 세계에서 가장 들어가기 어려운 곳, 무중력을 실험한 극소수에게만 허용되는 클럽에 들어가게 됐다는 것이었다. 분명 그곳은, 내가 어린 시절 세계 기록이라도 세우듯 공상과학 소설들을 읽어 치울 때부터 가장 소망하던 곳이다.

파라볼릭 비행에 참여하려면 인내심을 갖고, 길고 긴 의료 및 관행적인 절차를 거쳐야 한다. 신분증과 신청서, 요청서, 허가서, 건강 진단, 각종 검사……. 그러나 그럴 만한 가치가 있다. 나는 Esa에서 프랑스 보르도 메리냑Bordeaux-Mérignac 공항에서 출발하는 파라볼릭 비행 원정에 사용하는 개조 비행선인 에어버스 A 300-ZeroG에 올랐던 내 첫 원정 비행의(이후로 여섯 차례 더 경험했다) 매순간을 완벽하게 기억한다.

비행 일주일 전, 우리 이탈리아-독일팀은 계획한 실험에 필요한 도구와 장비를 항공기에 설치했다. 우리는 무중력 상태에 놓였을 때 옥수수 뿌리의 세포에서 방출되는 최초의 신호를 연구하고자 했다. 실험은 아주 복잡했다. 우리가 무중력 상태에 노출된 최초의 순간에 밀리미터 이하 단위의 뿌리끝의 특정 부분에서(정교한 감각 기관이라 생각하면 된다) 생산될 것이라 추정한 미약한 전기 신호를 측정해야 했다. 생소한 것들이 수없이 많았다. 우리에게는 비행선의 진동이 아주 섬세한 측정에 어떤 영향을 끼칠지 전혀 몰랐다. 비행 중 식물이 준비 과정에서와 다른 중력에 반응할 수 있을 정도로 건강한 상태를 유지하는지에 대해서도 몰랐다. 우리가 어떤 조건에 놓일지도 몰랐고, 실험 중 식물을 교체할 수 있을지의 여부도 알지 못했다. 간단히 말해 이 전대미문의 실험조건에서 작업할 준비가 전혀 안 돼 있었던 것이다. 내 개인적인 의견으로는, 결코 인정하고 싶지 않지만, 완전히 물속에 구멍을 뚫으려는 것처럼 쓸모없는 일을 한 것이 아니었을까…….

염려스러웠던 수많은 원인 중, 한 주 전에야 친해진 모든 신입을 괴롭히던 것이 하나 있었다. 뭐 내가 보기에는 그다지 중요하지 않은 것이었다. 과연 무슨 문제였을까? 파라볼릭 비행은 애칭으로 '구토 행성'이라 불릴 정도로 참가들의 속을 불편하게 하기로 유명했다. 하지만 나는 별로 걱정스럽지 않았다. 나는 뱃멀미를 한 적도 없어서(내가 생각이 짧았다) 실험을 진행하고 내 첫 번째 우주비행 경험을 즐기는 데 사소한 배앓이가 방해가 되지는 않을 줄 알았다.

잘못될 수 있는 모든 일을 생각하면서 하룻밤을 거의 꼬박 새우다시피 하고 대망의 날이 밝았고, 비행 참가자들에게 Esa의 파란색 비행복이 지급됐다. 비행복을 입으니 정말 우주비행사가 된 느낌이었다. 내 몸보다 몇 사이즈 큰 것 같았지만 나는 전혀 신경 쓰이지 않았다. 파란색에 화려한 항공우주국 문장과 'Parabolic Flight Campaignà'라는 문구가 새겨진 비행복은 필요한 것은 다 갖추고 있었다. 완벽했다! 비행복에 달린 수십 개의 주머니 대부분을 채우고 있는 멀미용 주머니들 때문에 살짝 웃음이 나기는 했다.

첫 비행 중(파라볼릭 비행 원정은 사흘 연속으로 진행된다) 나는 장비의 작동 상태를 점검해야 했고, 모든 것이 제대로 작동하는지 살피다가 의심이 가는 부분이 있으면 몇 가지 실험도 할 수 있었다. 비행기가 이륙했고 순식간에 대서양에 도착했다. 30회의 파라볼릭 비행을 시작할 곳이었다. 매 비행마다 우리는 20초 정도 무중력 상태에 놓여야 했다.

파라볼릭 비행을 할 때마다 상승 단계가 시작되는데, 이때 비행선이 약 30초간 45도 정도의 기울기로 아주 빠른 속도로 날아오르고, 탑승자들

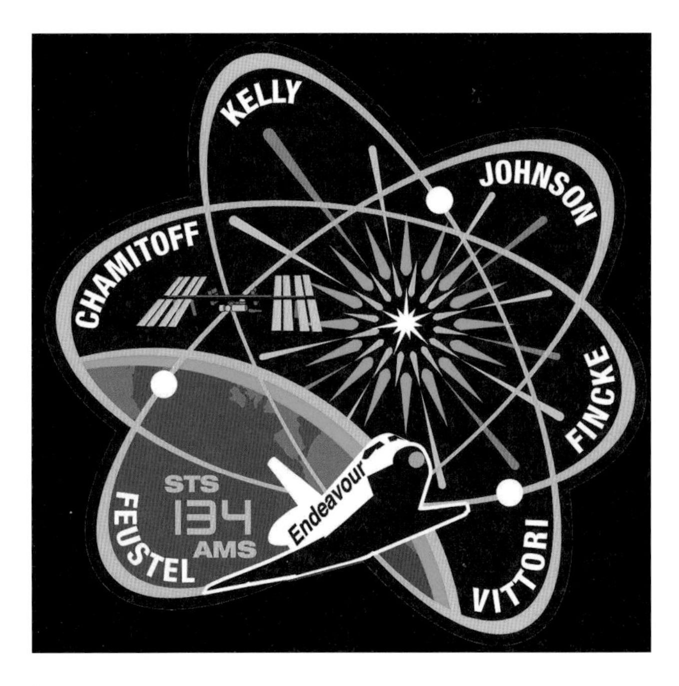

• 우리 연구실의 실험을 진행한 인데버 셔틀의 최근 파견단의 문장.

은 거의 2g의 가속도 상태에(자기 체중의 두 배를 느낀다) 놓이게 된다.

가속도가 정점에 이르면 조종사는 엔진에 연료 공급을 중단하고 탄도비행이라는 것을 시작한다. 이 비행 중 비행기는 대기 중으로 발사한 탄도가 되고 순식간에 이중중력이 무중력으로 전이된다. '이게 대체 무슨?' 이라는 말을 내뱉을 시간도 없다. 하려던 말이 쏙 들어가고 몸이 바닥에서 떨어져 공기 중에 떠다니기 시작한다. 위, 아래의 의미가 없어지고 모든 움직임이 부자연스러워진다. 중력의 부재는 물속을 떠다니는 것과 비교되기도 하고, 절벽에서의 낙하와 비교하는 사람도 있다. 그런데 사실 생명체가 살아있는 동안 경험하는 그 무엇과도 비슷하지 않기 때문에 어떤 느낌인지 정확히 설명할 수는 없다. 굉장히 새로운 느낌이고, 무중력을 처음 경험한 사람은 비행을 한 날 밤에 그 무중력 상태를 다시 경험하는 꿈을 꾸는 일이 많다. 이때 뇌는 과거 경험의 틀 속에서 이 비정상적인 감각을 정리하려 한다. 사실 비정상적이라기보다는 굉장히 즐거운 느낌이다. 무게가 느껴지지 않으니 말이다! 허공을 떠다니며 비행선 천장을 걸어 다니고 끝없이 회전할 수도 있다. 첫 번째 파라볼릭 비행은, 살면서 처음 경험하는 일은 다 그렇지만, 절대 잊을 수 없을 것이다. 얼마 후 조종사가 엔진에 가스를 넣으면 영혼이었던 몸이 다시 물질로 돌아온다.

정말 놀랍게도 실험은 제대로 진행되고 있었고, 첫 번째 파라볼릭 비행은 거의 무중력 상태에서 주로 노는 데만 시간을 쏟기는 했지만, 우리가 예상했던 부분에서 발생되어 뿌리끝 주변 부위로 전달되는 작용의 주요 전위를(우리 뇌의 뉴런들 간에 전파되는 것과 비슷한 전기 신호) 기록하기 시작했다. 당시에는 몰랐지만, 우리가 측정하던 신호가 식물이 무중력 상태에서 대응할 때 생산하는 가장 빠른 신호였다! 극미중력이 시작된 지 단 2분 30초밖에 되지 않았을 때, 동작전위가 뿌리에서 생산돼 주변 부위로 이동했다.

• 세포에서 자발적으로 생성된 전위를 측정하는 미세전극 매트릭스에 놓인 옥수수 뿌리끝.

예상치 못한 결과였다. 그때까지 기록된 가장 빠른 신호는 극미중력 시작 후 10분 정도 지난 후에 발생되는 pH의 변화였다.

식물은 우리가 예상했던 것보다 훨씬 우월한 감각 능력을 갖고 있다는 것을 다시 한 번 증명해 보였다. 뿌리가 중력의 변화에 그렇게 빨리 대응한다는 사실을 알게 되면서 새로운 전망이 열렸다. 어쩌면 우리는 다수의 연속적인 생리적 적응을 통해 식물이 지구에서와 다른 중력 조건에 적응할 수 있게 해 준 첫 번째 사례를 발견한 것인지 모른다. 이 첫걸음은 우주 생물학을 연구하는 수많은 다른 과학자들의 발견과 함께 멀지 않은 미래에, 저항력과 적응의 대가인 식물이 어떻게 무중력 상태에도 적응할 수 있는지 알게 해 줄 것이다.

이후의 파라볼릭 비행마다 신호가 규칙적으로 반복되는 것을 놀라워

하며 바라봤다. 행복이 가득한 시간이었다. 내가 처음으로 무게 없이 떠다니던 바로 그날, 그 비행에서 중력의 감소에 대응한 식물이 방출한, 가장 빠른 전기 신호를 내가 기록한 것이다. 이것은 모든 과학자가 꿈꾸는 순간이다. 분명 행복은 순간의 문제이지, 물질적으로 안정된 상태가 아니다. 그러나 스무 번째 비행을 할 무렵에 한꺼번에 문제가 나타나기 시작했고, 완벽한 날이 삽시간에 악몽으로 바뀌었다.

무중력은 순수한 공간의 문제다. 극미중력 상태에서는 오물을 포함한 모든 사물이 무게의 속박에서 벗어나 자유롭게 공기 중에 떠다닌다. 첫 파라볼릭 비행부터 극미중력 단계가 시작될 때 수많은 과학자들을 어린 시절로 돌아가 공기 속을 날아다니게 만든, 샤갈의 작품에서 볼 법한 마법 같

• 유럽항공우주국에서 기획한 파라볼릭 비행에서 처음으로 무중력을 경험한 내 모습이다.

은 분위기가 아주 이질적인 물체의 출현으로 망가지고 만다. 비행 중에 마주치리라 예상할 수 없는 물체들, 예를 들면 스크류드라이버(뾰족한 형태가 공중에 부양해 있는 사람의 눈을 찌를 수 있어 매우 위험하다)나 나사, 컵, 양말, 사용한 휴지 뭉치, 빈 캔, 며칠 전에 프랑스 여과학자가 잃어버린 귀걸이, 그리고 부스러기들……. 부스러기는 철부터 알루미늄, 강철, 구리를 비롯해 실험을 준비하고 나서 남은, 여러분이 떠올릴 수 있는 온갖 지저분한 물질들로 정말 끝없이 나온다.

우리는 그러한 환경 조건에 전혀 준비가 안 돼 있었다. 최고의 전문가 그룹들은 금속부스러기로 손상될 수 있는 모든 것을 아주 촘촘한 그물망으로 가렸었다. 그러나 우리는 아니었다. 아주 작은 금속 조각이 기록용 컴퓨터 한 대의 내부로 들어가 폭발시키고 말았다. 나는 무중력에서 폭발 사건이 발생하면 어떤 절차를 따라야 하는지 몰랐다. 우리의 경우 폭발과 함께 불꽃이 튀고, 불에 탄 전기 자재에서 지독한 냄새가 신경이 예민한 동료들에게 너무 큰 영향을 끼쳤고(계속되는 파라볼릭 비행으로 이미 상당히 지친 상태였다) 예상치 못한 행동까지 하게 만들었다. 사실 무중력 상태에서 도망을 치기란 결코 쉽지 않다. 본능은 숨이 차도록 달리라고 소리치지만 멋대로 움직이는 사지를 통제 못하고, 빙글빙글 돌고 거센 충돌과 공기의 흐름은 원하는 방향으로는 전혀 이끌어주지 않는다. 결국 이 상황에서 유일하게 즐길 수 있는 것은 동료들과의 관계뿐이다.

몇 개 국어로 욕설이 수십 번 터져 나오는 단계가 지나고, 폭발한 컴퓨터가 내 것으로 밝혀지자 내게 모든 책임을 물을 명분이 생겼다. 이내 나는 그 재난의 책임자이자 속죄양, 그리고 유일하게 비난을 받는 사람이 됐다. 동료들의 싸늘한 눈빛 속에서 나는 젊은 시절 무척 좋아했던 아이작 아시모프Isaac Asimov의 『우주의 조약돌Pebble in the Sky』이 떠올랐다. 이 책의 제목이 내 신세와 정확히 맞아 떨어졌다. 화재가 진압되고 당시까지 얻은 결과들을 안전하게 옮긴 후, 나는 조약돌이 된 내 상황에 맞게 겸손한 마음으로 다른 대원들과 가능한 한 멀리 떨어져 있었다. 상황이 그렇게까지 악화될 줄은 몰랐다. 내 실수였다.

뱃멀미나 비행기멀미 같은 것을 겪지 않고 수십 년을 조용히 보낸 내 위장이 자신의 존재를 상기시켜야 한다고 판단한 것 같았다. 무엇이 잘못된 것인지 분석해 보려 했지만, 약간 나폴레옹의 워털루 전쟁 같았다. 여러 요소들이 조합되어 프랑스 황제를 패배로 이끌 만한 일이 발생하지 않았다면, 대격변은 일어나지 않았을 것이다. 내 경우 아주 사소한 요소들이 조합된 것이었다. 일단 아침으로 온갖 프랑스 진미로 차린 정말 풍성한 식사를 꼽을 수 있다. 승선 의료진의 조언에 따라 차려진 식사지만, 아침에는 커피 한 잔 외에는 소화를 못 시키고, 간혹 배가 고프면 비스킷 몇 개 먹는 게 습관이 된 내 위장에는 전혀 도움이 되지 않았다. 컴퓨터 폭발 사건으로 놀란 데다 탄화된 부품에서 스며 나오는 악취 나는 증기를 흡입하고 피로와 전날 밤에 뜬 눈으로 지샜고 동료들의 경멸과 동정이 뒤섞인 시선, 그리고 비행선은 계속 멈추지 않고 포물선 위에 또 다른 포물선을 그리며 대서양에서 오르락내리락하고 있었다. 이뿐이 아니다. 완벽한 폭풍까지 불어닥쳐 워털루 효과를 더했다. 분명 1분 전에는 우월감에 찬 미소를 살짝 머금고 체스를 두고 있는 동료들을 보고 있었는데, 다음 순간에는 슬픈 운명에 빠져야 했다.

그렇게 잊을 수 없는 내 첫 번째 무중력 체험은 끝이 났다. 이튿날부터 백업 컴퓨터와 장비 주변에 설치한 그물 덕분에 모든 실험이 훌륭하게 진행됐다. 결국 파라볼릭 비행 중의 실험은 과학적 관점에서 보면 성공적이었다. 우리는 뿌리가 생각하던 것과 달리 매우 빠른 시간 안에 중력에 대응하고, 파라볼릭 비행을 할 때마다 보장된 극미중력 20초면 식물에서 극미중력에 대응하는 연속된 신호 중 최초의 신호를 연구하기에 충분하다는 것을 증명해 보였다. 첫 번째 비행 중에 수집한 데이터들이 식물의 극단적인 반응을 증명하고, 과학 공동체와 항공우주기관들에게 식물이 파라볼릭 비행 연구 조건에 가장 적합한 대상이었다고 설득하는 데 도움을 주었다.

그 후 몇 년간 나는 비슷한 다른 비행에 참여했고, 몇 번의 비행에서는 더 풍성한 결과를 얻기도 했다. 그러나 그 많은 난관과 설명할 수 없는 느낌, 경험 아닌 경험, 과학적 결과와 총체적인 무의식이 가득했던 첫 번째 비행은 다른 '첫 경험'들과 함께 언제나 내 기억 속에 남을 것이다. 마치 과학자의 인생이 얼마나 멋질 수 있는지를 보여주는 광고 영상의 한 장면처럼.

IX

담수 없는 생존이 가능할까?

바다, 아가미가 없는 인간을 위해 만든 세상의 3분의 2를 차지하는 물의 몸체.

_ **앰브로즈 비어스,** 『The unabridged devil's dictionary』

물은 만물이 시작되는 물질이다. 물의 유창함은 사물 자체의 변화에 대해서도 설명한다. 이러한 개념은 동식물이 수분으로 영양을 공급하고, 음식이 풍부한 즙을 가지며, 생명체가 죽은 후 건조되는 모습의 관측에서 비롯된 것이다.

_ **탈레스**

누님인 물을 통해 찬미를 받으소서
물은 쓸모 있고 겸손하며 맑고 소중하나이다

_ **아시시의 성프란체스코, '태양 사제의 노래'**

• (pp. 232-233) 수많은 산맥이 대부분 반불모에 갈라진 상태인 네바다의 종말.

담수는 무제한으로 사용할 수 없다

2005년 5월 21일, 케넌 대학Kenyon College의 졸업장 수여식에서 미국인 작가 데이비드 포스터 월러스David Foster Wallace가 이런 이야기를 했다. '서로 가까이 있던 두 젊은 물고기가 반대 방향으로 헤엄치던 아주 늙은 물고기와 만났다. 늙은 물고기는 두 젊은 물고기에게 고개를 끄덕여 인사를 하고 말을 건넸다. '이보게 젊은이들, 오늘 물이 어떤가?' 젊은 물고기들은 계속 헤엄을 쳤고, 잠시 후 한 물고기가 다른 물고기를 바라보며 물었다. '물이 대체 뭐야?''

요즘의 물 사정이 이 이야기와 같다. 대부분의 서양 국가에서는 물이 저렴한 가격에 매우 쉽게 구할 수 있는 상품이고, 적어도 우리가 보기에는 고갈되지 않을 것 같아서 진정한 물의 중요성을 인식하지 못하고 있다. 전통 경제학에서도 같은 이유로 물의 가치를 다소 낮게 인식했었다. 데이비드 리카르도David Ricardo는 저서 『정치경제학과 과세의 원리Principi di economia politica e dell'imposta, 1817』에 '일반적인 수요와 공급의 원칙에 의하면 그 어떤 것도 공기와 물, 혹은 그 외에 무한대의 양이 존재하는 자연의 선물을 사용하는 것과 맞바꿀 수 없다. 맥주 제조업자와 증류기, 염색공은 그들의 상품을 생산하는 데 공기와 물을 끊임없이 사용하는데, 이것들은 무제한으로 공급되기 때문에 가격이 없다.'고 기록했다.

최근 몇 년 동안, 증가하는 수요로 인해 담수의 부족이 사회의 지속적인 발전에 위험이 된다는 것이 점점 더 명확하게 나타나고 있다. 세계경제포럼은 최근의 연례 보고서에서 담수의 부족이 세계의 경제에 가장 심각한 영향력을 지닌 위협이라 언급했다. 장기간의 가뭄으로 인한 결과는 안타깝게도 이미 우리 눈앞에서 극적으로 펼쳐지고 있다. 캘리포니아 대학에서 발표한 연구에서 1만 2,000년 전에 농업이 탄생한 시리아Siria와 비옥한 초승달 지대에 2006년 겨울부터 3년 연속으로 강타한 극심한 가뭄이 시리아 내전을 일으킨 주원인 중 하나라는 설득력 있는 증거를 제시했다. 이처럼 장기간 지속된 가뭄은 만성적인 담수 고갈로 이미 농업의 생산 활동에

• 계속되는 가뭄과 기후 변화로 토양이 건조되는 현상이 지구의 시급한 문제가 됐다.

상당히 치명적인 타격을 입히고, 그 천재지변의 영향으로 150만 명이 넘는 주민들이 전원 지역을 떠나 대도시 근교로 이주해야 했다.

지구상에 존재하는 물은 97퍼센트가 바닷물로, 인간과 농업, 산업에 사용할 수 없는 물이다. 결론적으로 인간이 사용하는 물의 수요는 전부 나머지 3퍼센트에서 충당해야 하는 것이다. 이 중 1퍼센트는 극지방에 얼음 상태로 갇혀 있다는 점을 감안하면 사용이 가능한 것은 나머지 2퍼센트뿐이다. 이 2퍼센트로 꾸준한 증가 추세에 있는 전 세계 인구가 사용해야 하는 가운데, 지속적인 생활수준의 향상으로 산업 생산과 관개 농업의 필요성의 증가로 필요한 물의 양도 점점 늘고 있다. 객관적인 관점에서, 전 세계적인 수준에서 연평균을 바탕으로 하면 이 정도의 조건을 만족시킬 만큼 담수는 충분히 존재하겠지만, 물의 수요와 사용 가능성의 시공간 변화는 엄청나다. 세계 각지는 한 해 중 특정 기간 동안 물 부족에 시달린다. 이러한 희소성의 문제가 발생하는 이유는 담수의 수요와 이용 가능성의 지리적, 시간적 위상차 때문이라 할 수 있다. 전 세계 인구 증가를 예상했을 때 최소 2050년까지 약 1억 명이나 증가할 것이므로, 이러한 물 자원 공급의 문제는 앞으로 점점 더 중요해질 것이다. 게다가 이 많은 인구가 개인적인 소비, 특히 영양분을 섭취할 식품의 생산으로 인해 더 많은 양의 담수를 필요로 할 것이다.

이것이 얼마나 큰 문제인지 조금 더 쉽게 이해하려면, 지금부터 2050년까지 지구의 인구 전체가 먹을 충분한 식량을 생산해야 한다는 점을 생각해 보면 된다. 다시 말해, 우리는 향후 30년 동안 '새로운 행성 전체'를 먹여 살려야 하는 입장에 놓인 것이다. 이런 관점에서 볼 때, 이 문제는 방대하고(내 경우 이 문제를 해결할 가능성에 대해 전혀 비관적이지 않다) 심각하게 나타난다. 사실상 이렇듯 인구가 지속적으로 증가하면, 우리의 생산 체계와 소비 패턴에 급격한 변화가 동반되지 않는 한 지구가 지탱하지 못할 수 있다.

새로운 행성 전체를 먹여 살리는 문제를 더 진지하게 받아들이려면 농산물의 생산에 대한 고무적이지 못한 몇 가지 자료들을 살펴보면 된다. 첫 번째 자료는 지난 몇 년간 전 세계에서, 특히 매우 발전된 지역에서 농산물 수확량의 성장이 급격하게 둔화되고 있는 것으로 나타났다. 이러한 현상에서 중요한 점은 궁극적인 원인을 분명히 해야 할 필요성이 있다는 것이다. 곡물의 양을 증가시키기 위한 방법은 생산량의 증가 및 경작지의 확장, 이 두 가지뿐이다. 최근 10년간 세계적인 수준에서는 수확량이 꾸준히 성장했음에도 불구하고 방금 말한 것처럼 발전된 국가에서는 수확량 증가가 정체되는 걱정스러운 현상을 나타냈다. 이를 설명할 수 있는 원인 중 하나는(여러 학자들이 주장한 바에 따르면) 수많은 선진농업 지역에서 문제가 되는 작물의 농산물 수확량이 이미 생물물리학적으로 최대 수확량에 도달했다는 사실이다. 중국과 일본의 쌀이나 영국, 독일, 네덜란드의 밀과 이탈리아, 프랑스의 옥수수에서 실제로 그런 현상이 나타나고 있다.

또 다른 요인은 분명 현재 진행 중인 기후의 변화다. 2016년에 등장한 나빈 라만쿠티(Navin Ramankutty, 캐나다의 브리티시컬럼비아 대학에서 세계 식품 안전 및 지속성에 대한 강의를 하고 있다)의 연구에서 처음으로 20세기 후반에 발생한 기후와 관련된 전 세계 재난 비용을 명확하게 수치화했다. 1964년부터 2007년까지 177개국에서 발생한 2,800건의 수문기상재해와 가뭄, 극단의 고온 현상을 연구하면서, 이러한 현상들이 곡물 생산량을(인류가 섭취하는 칼로리의 70퍼센트 이상이 곡물에서 비롯된다) 10퍼센트가량 감소시키는 것으로 나타났다.

이뿐이 아니다. 선진국에서는 이러한 현상들이 후진국의 농업과 비교했을 때 거의 두 배가량 감소했다. 오스트레일리아와 북미, 유럽의 경우 가뭄으로 인해 수확량이 세계 평균의 약 두 배인 19.9퍼센트나 감소했다. 이러한 차이가 발생하는 이유는 선진국의 산업형 재배 방식이 더 획일적이기 때문인 것으로 보인다. 어떤 의미에서 보면, 경작의 다양성 상실과 관련된 위험을 경험을 통해 확인한 증거라 할 수 있다. 북미의 모든 곡물이 방대한 면적에서 재배종이나 방식이 모두 획일적으로 경작되기 때문에, 예상치 못한 요인으로 인해 작물이 손상되면 모든 생산이 난국을 맞는다. 이와 달리, 대부분의 개발도상국에서는 소규모 들판들이 모자이크처럼 나뉘어 다양한 작물이 재배된다. 이 작물들 중 일부가 손상된다 해도, 다른 작물은 살아남을 수 있다.

극단적인 현상의 증가는 기후 변화의 명백한 결과 중 하나이며, 가까운 미래에 이러한 현상은 더 빈번하고 더 높은 강도로 발생할 것이라고 모두 예측하고 있다. 그러니 앞으로 해가 바뀔 때마다 수확량이 계속 감소할

• '염생 식물'은 해수만 이용해도 성장할 수 있는 내염성 식물이다. 이 식물에 대한 연구가 염분에 대한 내성 파악을 위한 기초가 될 수 있다.

것이라 예상해야 한다.

그런데 수확량이 늘지 않으면(대부분의 경우, 기후가 변화하면 수확량이 감소한다) 증가하는 식량 수요를 만족시킬 유일한 해결책은 새로운 땅에 경작을 하는 것이다. 그러나 이것도 여간 복잡한 것이 아니다. 이유가 뭘까? 일단 식량 생산이 목적인 식물 재배를 위한 삼림 파괴가 더 이상 용납될 수 없는 상황이라는 이야기부터 해야겠다. 지구의 균형을 위해 매우 중요한 지역들이, 조만간 생산력이 감소해 금방 불모지가 될 농지를 얻고자 하는 목적만으로 파괴되었다.

너무 과한 희생이 아닐 수 없다. 삼림 파괴가 기후에 끼치는 부정적인 영향은(결국 농산물 수확량에도 영향을 끼친다) 경작지의 확대로 얻는 일시적인 생산량 증가보다 훨씬 크다. 삼림 파괴와 거대 영토 경작을 통해 식량 문제를 해결하고자 하는 정책은 지구 전체에 재앙을 불러일으킬 것이다.

그리고 경작이 가능한 토지의 대부분이 사실 다양한 원인 때문이 아니라, 인간의 작업으로 인해 악화된 경우가 많다. 염분토양의 경우 고농축 염분에 의해 독성이 있지만 않으면 완벽한 경작지가 될 수 있다.

토양의 염분이 얼마나 중요한 문제인지 거의 알려져 있지 않다. 전 세계에서 농업에 사용된 건조 지역 52억 헥타르 중 36헥타르는 염분토양으로 추정된다. 지구 표면의 거의 10퍼센트(9억 5,000만 헥타르), 전 세계 총 관개 토지의 50퍼센트(2억 3,000만 헥타르)가 염분의 문제를 갖고 있다. 농산물 생산에서 염분으로 인한 연간 총 손실은 120억 달러가 넘고 이 수치는 계속 증가하고 있다. 안타깝게도 이러한 염분토양에도 기후의 변화가 악영향을 끼친다. 담수층으로의 염수 침투와 해안 지대로의 직접적인 해수 유입으로 인한 해수면의 상승이 염분토양 문제의 범위를 계속 확대하고 있다.

결론적으로 경작이 용이한 토양은 처음에 보기보다 그렇게 많지 않다. 오히려 희귀해서 수많은 사람들이 갈망하는 대상이 되고, 정부에서도 자국의 식량 안정 유지에 대한 우려로 경작 가능한 토지를 확보하려 했다. 이러한 현상이 점점 증가하고 그 범위도 넓어져 심각한 우려를 낳고 있다. 2000년에서 2012년 사이, 아프리카 주요 국가 수단과 탄자니아, 에티오피아, 콩고 민주공화국과 같은 아프리카 주요 국가들과 약 8,300만 헥타르(세계의 경작 가능지의 2퍼센트 이상에 해당하는 면적이다)의 이용 계약이 체결되었다. 라틴아메리카와 동남아시아의 방대한 아프리카 지역도 이내 같은 운명에 놓였고, 지난 몇 년 사이 이러한 현상이 유럽의 대토지에도 확산되고 있다.

식량 안정은 21세기의 심각한 문제다. 지속적인 증가세에 있는 인구를 위한 충분한 양의 식량을 어떻게 보장할 수 있을까? 경작지와 수자원의 이용 가능성이 현저하게 감소하고 있는 상황에서 어떻게 그럴 수 있을까?

• 선인장과는 담수의 이용 가능성이 매우 제한적인 건조 지대에서 생존하기 위해 진화되었다.

지구의 자원에 큰 영향을 끼치지 않고 이미 예민해진 기후 상태에 대응하려면, 농산물 생산을 이해하는 방식에 혁명이 필요할 것이다. 성장하는 환경을 만족시킬 수 있는 해결 가능성 중 하나는 우리의 생산력의 일부를 바다로 이동시키는 것이다. 언뜻 보면 공상과학적인 주장인 듯하지만, 신중하게 분석해 보면 아예 허무맹랑한 일은 아니다. 지구에 있는 물의 97퍼센트가 소금물이고, 지구의 3분의 2가 물로 덮여 있다. 나는 바다가 이질적인 가능성 없는 대상이 아니라 우리의 새로운 국경이 될 것이라 의심치 않는다. 그렇게 되려면 기술적인 문제를 극복하고 염분에 아주 내성이 좋은 식물을 포함해 우리가 식단에 이용하는 식물 종의 수를 확대해야 할 것이다. 이러한 것들은 우리의 해결 능력 범위 안에 있는 사소한 문제다.

염수로 살기

아주 높은 염도에 적응된 농업은 담수의 이용 가능성 감소에 대한 구체적인 대응일 수 있으며, 염도가 높은 토양에서의 경작에도 도움이 될 수 있다. 기존의 작물은 모두 염분에 민감하다. 얼마 되지 않지만 '내성'이 있다는 종들도 최대 30퍼센트 정도의 해수를 혼합한 담수의 관개를 견딜 수 있는 수준이다. 농도가 그 이상이 되면 식물에 독성 효과가 발생해 수확량이 급격히 감소한다. 수십 년 동안 상당수의 연구가들이 가장 많이 재배되는 식물의 소금에 대한 내성을 개선할 방법을 찾으려 했다. 그러나 안타깝게도 거의 성과가 없었다.

매우 다양한 강화 전략이 시도됐지만, 현재로서는 염분이 있는 환경에서 성장할 수 있도록 재래작물을 개발하기는 어려울 듯하다. 최근 몇 년 동안 이 분야에서 새로운 아이디어를 찾기 위해, 염도가 높은 지역에서 성

최근, 인간의 작업과 기후 변화로 염분토양이 늘어나고 있다. 해수면 상승으로 이전에는 비옥했던 거대한 지표면이 불모의 염분토양이 되고 있다.

장할 때의 문제를 스스로 해결한 식물 그룹을 관찰하기 시작했다. 이 식물은 '염생 식물(halophyte, alofite, 그리스어의 소금을 뜻하는 'alo'와 식물을 뜻하는 'fito'에서 기원)'이라는, 다른 모든 식물종은 살지 못하는 토양에서 성장하고 생식할 수 있는 염분토양 지역(염분이 있는 사막이나 해안 지역, 염분이 있는 석호 등)의 토종 식물이다. 대부분의 종을 사람과 동물의 식용으로 사용할 수 있는 이 식물을 길들이고 재배종으로 유입하면 염수와 해수를 관개용수로 사용할 수 있고, 해안지역을 비롯해 높은 염분의 영향을 받는 지역을 생산적으로 만들 수 있을 것이다. 그뿐만 아니라, 염생 식물이 염분에 저항하게 해 주는 형태학적, 생화학적 적응에 대한 광범위한 연구를 통해 일반적인 식물도 내성을 가질 방법을 발견할 수도 있다.

염생 식물이(혹은 염분에 어느 정도 내성이 있는 식물) 바다에 떠 있는 농장에서 재배되는 모습을 상상해 보자. 그렇게만 되면 공간이나 물에 대한 걱정 없이, 식량 안정의 문제가 영원히 해결되는 것이다.

젤리피시 바지선
– 떠다니는 온실

몇 년 전, 일라리아 펜디Ilaria Fendi가 로마에 있는 그녀 소유의 호텔 카살리 델 피노Casali del Pino에서 개최한 한 행사에서 크리스티아나 파브레토Cristiana Favretto와 안토니오 지라르디Antonio Girardi를 알게 됐다. 이 젊은 건축가 커플은 기술적 영감의 원천인 식물계에 지대한 관심을 갖고 있었다. 직업적으로나 삶에서나 궁합이 잘 맞는 이 커플은 최근 몇 년 동안 건축계에 식물계를 배경으로 한 몇 가지 개념을 치환해 얻은 아주 독창적인 결과에 매달려 있었다. 공통 관심사와 공상적이고 독창적인 그들의 계획을 비롯해 두 젊은이에게서 느껴지는 본능적인 호감에 끌려 우리는 자연스럽게 각자의 경험과 당시 진행 중이던 프로젝트에 대한 이야기를 나눴다. 그러다가 해파리Jellyfish를 알게 됐다. 안토니오와 크리스티아나는 부유하는 온실에 대한 아이디어를 개발하고 있었는데, 소금물을 물로 바꿔 온실 내의 식물에 물을 주는 데 사용할 수 있는 방법을 모색하고 있었다. 그들의 매혹적인 임시 스케치 속의 온실은 투명한 돔과, 이 돔에서 나온 긴 대마 밧줄(염수를 흡수하는 데 필요하다)로 이루어져 있는데, 촉수 같은 이 밧줄들은 물에 잠겨 있었다. 온실은 젤리피시라 부르는 해파리의 몸체와 매우 비슷했는데, 그들은 거의 의무적으로 이러한 형태를 선택한 것 같았다. 내가 보기에 그들의 아이디어는 매력적일 뿐 아니라, 내가 오래전부터 생각하던 바다 농장의 실현의 방향으로 나아가는 중요한 전진이었다.

우리는 해결해야 할 수많은 기술적인 문제들을 검토하고, 이 아이디어를 실제로 작동하는 원형으로 제작하려는 시도가 타당한지 자문하기 시작했다. 나는 그들을 피렌체의 Linv로 초대해 더 깊은 토론을 하며 가장 효율적인 협력 방법을 찾아보자고 했다. 몇 주 동안 젤리피시를 미래의 온실로 만들 방법을 궁리하면서 이 작은 바다 농장이 갖춰야 할 조건들을 점점 더 추가했다. 그리고 결국 매력적이고 매우 야심찬 프로젝트가 나왔다. 우리의 목적은 경작지를 전혀 필요로 하지 않고 담수는 한 방울도 사용하지 않으며 태양에너지나 바람, 혹은 파동과 같은 청정에너지만으로 영양분을 얻는 식물의 생산을 위한 독자적인 시스템을 만드는 것이었다. 무엇하나 부족하면 우리는 절대 만족하지 않을 것이다. 우리는 자원의 소비 없이 식량을 생산하는 기적과 같은 것을 창조하고자 했다. 젤리피시는 지구에서 식량 안정 문제를 해결하기 위한 우리의 공헌이어야 했다. 그래서 젤리피시에 바지선(barge, 뗏목)이라는 단어를 추가했다. 젤리피시 바지선JB은 매우 치명적인 조건에서도 식량을 생산하게 해 줄 구명정이었다.

우리도 알고 있다. 자원의 소비 없이 생산을 한다는 생각 자체가 약간 허무맹랑한 꿈 같기는 하다. 이루기 매우 어려운 목표이고 거의 불가능한 도전이다. 처음에는 우리가 결성한 팀의(안토니오와 크리스티아나에 이어 엘리사 아짜렐로Elisa Azzarello, 엘리사 마시Elisa Masi, 카밀라 판돌피Camilla Pandolfi가 프로젝트 진행을 도와주기 위해 추가로 투입됐다) 강한 의지와 끊임없는 연구에도 수많은 필요사항들을 충족하지 못했다. 몇 가지 조건에 대한 답은 있었지만, 모든 조건이 동시에 만족되는 것은 아니었다. 예를 들어 담수를 사용하지 않을 수는 있지만 대량의 에너지를 사용할 때만 가능하고, 소량의 에너지를 사용하고자 하면 수경재배(영양분이 함유된 액체 속에서 식물을 재배하는 방법)를 할 수 없었다. 시간이 지나면 지날수록 우리의 공상적인 프로젝트는 실현

• 담수를 사용하지 않고 채소를 생산할 수 있는 부유형 온실 젤리피시 바지선 내에서 자란 야채들.

이 안 될 것 같아 보였다. 게다가 무엇 하나 부족하지 않게 하겠다는 생각에 젤리피시 바지선의 모든 부품이 완벽하게 재사용될 수 있어야 하고 가능한 재활용품으로 구해야 한다는 규칙을 추가했다.

이후 몇 달 동안은 수많은 문제 요소들을 해결할 수 없어 보였다. 어떤 시도를 하든 계속 실망스러운 결과만 나왔다. 그렇게 우리는 전혀 쓸모없는 방식으로 프로젝트의 다양한 측면의 주위를 계속 맴돌았다. 우리는 너무 많은 제약에 갇혀서 빠져나오지 못하다가, 식물계에서 영감을 얻고 골머리를 앓게 되는 기술적인 문제의 해결 방법을 자연에서 찾자는 원래의 아이디어로 돌아가기로 했다.

안토니오와 크리스티아나는 식물이 구성된 기본 모델과 구조적으로도 상응하도록 젤리피시를 다시 디자인했다. 첫 단계는 젤리피시를 모듈화하는 것이었다. 실제로 식물이 크기에 따라 반복되는 모듈로 구성된 것처럼 젤리피시도 단독으로나(자립적으로 부유하는 하나의 온실), 혹은 대량의 식물 생산에 맞춘 대량의 개체가 모였을 때도 작동할 수 있어야 했다. 모듈 하나의 기본 형태는 공간 관리를 완벽하게 할 수 있고, 운송이나 여러 모듈이 합체할 경우 공동 작업에 사용할 여유 공간을 유지할 수 있는 기하학적 형태인 팔각형이었다.

우리에게 도화선을 제공한 요소인 해수를 담수화하는 시스템을 설계할 때도 자연과 식물에서 모티브를 얻었다. 나는 『대서양 코드』에서 레오나르도 다빈치가 물의 순환에 관해 소개한 간략한 설명을 떠올렸다. '따라서 물이 강에서 바다로, 바다에서 강으로 흐른다고 결론을 내릴 수 있다.' 물의 자연 순환을 생각해 보면, 이 또한 강력한 담수화임을 알 수 있다. 바다에서 증발이 일어날 때, 액체 상태의 나머지 물에 소금이 녹아 있다. 따라서 구름 형식의 수증기가 다시 응결해 비의 형태로 지상에 떨어지면, 이

것이 담수가 되는 것이다. 태양에 의한 증발을 통해 매일 엄청난 양의 물이 담수화된다. 식물은 나뭇잎의 일부에서 이루어지는 물의 증발을 통해 이러한 자연 순환에 참여한다. 아마존과 같은 밀림은 지구의 기후 형성에 중요한 영향을 끼칠 정도로 많은 양의 수분을 발산하며, 맹그로브와 같은 나무는 바닷물을 직접적으로 발산할 수도 있다.

그래서 우리는 태양 담수화에서 필요한 담수 생산에 가장 적합한 시스템을 찾았다. 그런데 이 과정은 물이 태양의 작용으로 증발된 후 조금 더 시원한 환경에서 응결되어 액체 상태로 바뀌는, 믿을 수 없을 정도로 간단한 과정이다. 우리가 작업을 진행하던 중에 알게 된 이 과정은 실제로 제2차 세계대전 중에, 담수가 나오는 샘이 전혀 없는 외딴 사막에서 말 그대로 생존을 위해 절실한 상황에서 미군들이 담수를 얻기 위해 사용되었다. 당시 미군은 열대 태양광을 이용해 사람의 생존에 필요한 모든 식수를 해수에서 끌어낼 수 있는 특별 키트를 제작했다. 한동안은 우리도 그런 키트를 마련해 보려 했지만 성공하지는 못했다. 그러나 작동 원리는 아주 명확하게 밝혔으므로, 태양열을 이용해 지중해의 위도에서 하루에 200리터 이상의 담수를 생산할 수 있는 담수화 장치를 금방 설계할 수 있었다. 200리터면 온실의 식물을 키우는 수경 시스템에 충분히 사용할 수 있는 양이었다.

물 생산 문제가 해결되자 우리는 첫 번째 원형을 제작할 준비에 들어갔다. 그러나 원형을 제작하려면 우리 프로젝트를 믿는 후원자를 찾아야 했다. 뜻밖에 일은 아주 쉽게 풀렸다. 다들 젤리피시를 좋아했고, 고가의 자원을 사용하지 않는 식량 생산의 중요성도 인정받았다. 처음부터 이 프로젝트를 무척 마음에 들어 하던 피렌체 저축은행이 우리의 주요 재정 후원자가 됐다.

우리는 단기간에 실제로 작동하는 첫 번째 원형을 제작했다. 모든 것

• 최초의 젤리피시 바지선 원형은 전체적으로 나무로 제작된 지지 구조였으며, 담수나 토양, 태양 이외의 에너지원을 사용하지 않고 채소를 생산할 수 있었다.

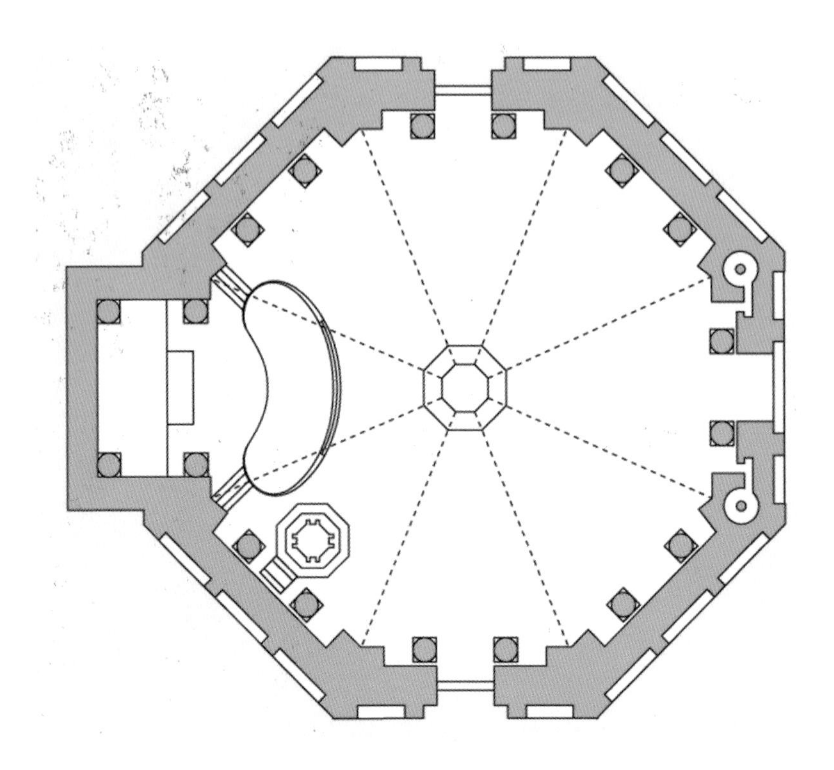

• 로마네스크 건축 양식 건물의 팔각형 평면도. 풀리아의 카스텔 델 몬테와 피렌체의 바티스테로, 버지니아의 토마스 제퍼슨의 집이 팔각형 평면으로 알려진 예다.

이 완벽하게 진행됐다. 온실은 떠 다니며 수경재배 시스템을 시작했고, 담수화 장치에서는 필요한 만큼의 물이 채취됐다. 단 한 가지 걸리는 점은 수질이었는데 우리가 목표했던 것보다 너무 맑았다. 태양 담수 과정을 거쳐 생산된 물은 실제로 정제수와 비슷해 미네랄 성분이 전혀 함유되어 있지 않았다. 이 복잡한 과정을 되풀이하지 않고 사용 가능한 양은 늘이기 위해, 담수화 장치에서 생산된 물에 바닷물을 10퍼센트 혼합했다. 이 방법으로 해수에 포함된 무기염류는 풍부해지지만 작물에 독성 효과 같은 것은 전혀 일어나지 않았다. 젤리피시는 훌륭하게 작동하기 시작했고 완벽하게 야채를 키웠다. 한 달 동안 부유 온실에서는 즉시 섭취 가능한 양상추를 500통 정도 생산했고, 수많은 사람들이 그 어떤 자원도 소비하지 않고 야채를 재배하는 일이 결코 키메라(그리스 신화의 머리가 사자, 몸이 염소, 꼬리가 용의 모양을 한 불을 토하는 괴수로 환상이나 가공의 꿈을 비유—역주)가 아니었다는 것을 알았다. 공상적인 아이디어가 구체적인 적용 방법을 찾은 것이다. 온실에서 자란 식물은 지속 가능한 미래를 위한 우리의 공헌이었다.

젤리피시 바지선은 이탈리아 프로젝트 중 하나로 2015년 밀라노 엑스포에서 소개되었고, 수십만 명이 젤리피시가 부유하는 모습을 보려고 밀라노의 예전 부두에 방문했다. 세계 여러 도시에서도 전시되고 국제적인 상도 수없이 받았으며, 이 중에는 UN에서 주최한 아주 중요한 상도 포함되어 있다. 게다가 젤리피시는 건축적인 면에서도 수상한 경력이 증명하듯 정말 아름답다. 그러나 투자자들은 관심이 없었던 모양이다. '아무런 자원의 소비 없이' 야채를 생산하는 기적을 명백하게 이루었지만, 그런 것은 시장에서는 별로 중요해 보이지 않았다. 언젠가 내 동료가 '프로젝트는 상을 받거나 시장으로 나가거나, 둘 중 하나다'라는 말을 한 적이 있다. 물론 만족스럽지 않다는 이야기는 아니다. 아무래도 젤리피시 바지선의 운명은 상만 받는 쪽인 듯하다.

유감스러웠다. 젤리피시는 분명히 더 효율적이고 생산적으로 개선될 수 있지만, 중요한 것은 '작동한다'는 것이다. 비옥한 토양을 필요로 하지 않고 담수도 필요로 하지 않고, 태양에너지 외에 다른 에너지를 사용하지 않으면서 식량을 생산한다는 것이 어떤 의미인지 여러분은 아는가? 나는 이 아이디어의 개발에 관심이 있는 기업가들이 연구소 문 밖에 줄을 설 것이라 생각했다. 우리 모두 그럴 것이라 예상했다. 모험 초반에 우리의 아이디어를 믿은 후원자를 쉽게 찾았기에, 이제 실제로 작동이 되고 상도 수없이 받은 원형도 있으니 개화된 기업가를 찾기는 훨씬 수월할 줄 알았다. 그러나 거의 없었다. 물론 관심을 보이는 사람도 있었지만, 오래가지 않았다. 당연히 우리 탓이겠지만, 시장과 관련된 일은 어려웠다. 시장은 폐쇄적이고 보이지 않는 규칙이 있고, 지역 색이 있는 경우도 많으며, 대부분의 연구가들은 당황할 수밖에 없는 요청을 하는 세상이다.

예를 들면, 요즘 우리는 '사업 계획'이 없으면 아무데도 가지 않는다. 그리고 이름을 묻기도 전에 '사업 계획이 없나요?'라는 질문을 한다. 사업 계획 없이 배회하는 사람을 처음 만났을 때 불신을 느끼는 순간이 지나면, 그나마 아주 친절한 사람들은 실망한 얼굴로 머리를 흔들고는 두 팔을 벌려 보이며 도와주고 싶은 마음이 있어도 그럴 수 없다는 뜻이 확실한 신호를 보낸다. 하지만 이렇게 공손한 사람은 거의 없고, 대부분 경멸의 시선을

• 젤리피시 바지선 내의 수경 재배 시스템은 온실에서 담수화된 물의 생산 효율성을 높일 수 있다.

감추지 못한다. 왜 그럴까? 상대방의 귀하디귀한 시간을 빼앗으며(시간은 돈이라는 것을 항상 잊지 말자) 자신을 소개해 놓고 사업 계획이 없다고? 적어도 '엘리베이터 피치elevator pith'라도 있지 않을까? 엘리베이터 피치? 여러분도 이 정도는 알기를 바란다. 모른다면 거대한 사업계에 영원히 들어가지 못하고 가난한 자나 순진한 관객 역할로 내몰린다. 솔직히 나도 몰랐지만, 배우기를 좋아하는 성격 탓에 직접 알아봤다.

이 엘리베이터 피치의 개념은 1~2분 정도의 시간 안에, 즉 엘리베이터의 이동이 멈출 때까지 소요되는 시간 동안 여러분의 아이디어를 요약하는 능력을 말하는 것이다. 그런데 이 개념은 미국의 고층 빌딩에 있는 엘리베이터만 해당되는 것 같다. 피렌체에 내가 사는 아파트에는 5층까지 20초가 걸리는 느린 엘리베이터가 있다. 그런데 '왜 하필 엘리베이터지?' 하는 의문이 생길 것이다. 나는 그게 궁금했다. 엘리베이터에서 자신의 아이디어를 소개할 만한 중요한 인물을 만날 수 있기 때문인 듯하다. 이 의미에 대해 위키피디아는 '이 용어 자체는 엘리베이터에서 중요한 인물을 우연히 만난다는 시나리오에서 비롯된다. 몇 초 안 되는 시간 동안 대화가 흥미롭고 부가적인 가치가 있다면, 명함을 교환하거나 약속을 정하고 마무리될 수 있다.'라고 밝히고 있다. 맙소사! 미국에서는 엘리베이터를 타는 게 무슨 흥미진진한 경험을 하는 것처럼 보일 수 있을 것 같다. 누구를 만날지 전혀 알 수 없으니 말이다. 그렇다면 이탈리아에서는? 여러분은 엘리베이터에서 어떤 중요한 인물을 만나고 싶은가? 내 경우 나는 집이 있는 5층에 올라갈 때만 엘리베이터를 타는데 항상 타는 것도 아니다. 몸을 조금 움직일 요량으로 계단으로 올라가는 때도 많다. 내려올 때는 전혀 타지 않는데 5층에서 내려올 때는 걸어 내려오는 것이 빠르기 때문이고, 어쨌든 내게는 젤리피시에 투자를 해 줄 사람이 중요한 인물이고 내가 우리 아파트 사람들을 다 아는데, 투자를 할 만한 사람은 아무도 없다.

그런데 여러분 생각에는 누군가 진정한 엘리베이터 피치를 해 본 사람이 있을 것 같은가? 나는 없기를 바란다. 상상이 되는가? 어떤 사람이 엘리베이터에 타서 조용히 있는 것이 아니라, 20초 동안의 대화를 시작한다. 예를 들어 여러분이 손자의 견진성사에 가려고 예복을 차려 입은 것을 보고 중요한 인물이라 생각한 누군가가 자신의 아이디어나 각종 수치, 시장의 가설 등을 1분당 1,000개의 단어를 내뱉는 속도로 쏟아내는 것이다. 미국에서는 어떤지 모르지만, 피렌체에서는 몹시 놀랄 일이다. 엘리베이터 피치를 할 만한 상황이 내게는 도움이 될 수 있다고 생각해 보려 했지만, 전혀 공감되지 않는다. 버스 피치나 트램 피치, 커피 피치, 심지어 슈퍼마켓 라인 피치라면 이해가 될지 모르지만, 엘리베이터 피치는 아니다. 인생에서 여러분에게 도움이 될 만한 단 한 번의 우연은 일어나지 않는다. 절대.

그런데도 다들 여러분에게 엘리베이터 피치를 요구한다. 어떤 개념이 분명히 쓸모는 없더라도 어떻게 사용되는지 생각해 볼 여지는 있다. 여러분이 아무런 자원을 사용하지 않고 먹거리를 생산하는 방법을 갖고 있다고 누군가에게 설명하러 간다고 치자. 여러분은 상대방이 친절하게, 정신이 정말 건강치 못한 사람들에게도 보여야 하는 최소한의 친절함으로, 최소한의 관심이라도 가져주기를 바랄 것이다. 그런데 그 상대방이 눈썹 하나 까딱하지 않고 사업 계획이나 엘리베이터 피치를 요구한다. 여러분이 엘리베이터 안이 아니라 아주 편안한 사무실에 있고, 앞에 있는 사람이 오전 시간 내내 한가해서 여러분이 생산 과정을 자세하게 설명할 수 있도록 5분 정도는 내줄 수 있다 해도…… 아니다, 여러분은 엘리베이터 피치를 할 수 있어야 한다.

우리도 시도해 봤고, 그러느라 엄청난 시간을 낭비했다. 사람들의 요청을 피하고 싶지 않아서 정말 멋진 엘리베이터 피치와 훌륭한 사업 계획도 준비했지만, 극복할 수 없는 문제들이 남아 있다. 예를 하나만 들어 보겠다. 우리의 비즈니스 플랜에는 젤리피시에서 재배한 야채 한 다발을 생산하는 비용이 일반 온실에서 생산하는 비용보다 높다는 내용이 나타나 있었다. 아주 큰 차이는 아니지만, 어쨌든 더 높은 것은 사실이다. 일반 온실에서 생산된 야채 한 다발의 가격에는 환경과 소비 자원에 대한 비용이 포함된다면 예산이 매우 달라질 것이고, 젤리피시에서 생산한 야채에게 훨씬 유리할 것이다. 그러나 아무도 이런 부분에는 관심이 없다. 우리가 사는 환경, 그러니까 이 지구 전체를 어떤 의미에서 보면 무료로 이용하는 것이다. 1817년도의 리카르도에게 물과 공기가 무료였던 것처럼 말이다. 그때부터 지금까지, 두 세기 동안 아무것도 변하지 않았다. 모든 사람의 자원 소비는 당연히 무료이며, 사업 계획도 필요 없다. 시장에서 관심을 두는 것은 이익을 증가시켜주는 시스템이지 지구의 자원을 소비하지 않고 사람들을 먹이는 것이 아니다. 결국 젤리피시는 히피들이나 최대 프란체스코 교황의 물건이지, 돈 있는 냉정한 신사들의 것이 아니다. 어찌 됐든 우리는 낙담하지 않는다. 조만간 어쩔 수 없이 식량 생산을 위해 바다에서 경작을 하게 될 것이다. 젤리피시 바지선은 이미 모든 준비가 되어 있고 올바르게 작동한다.

참고문헌

서문

C. Risen, The world's most advanced building material is... wood. And it's going to make skyline, 'Popular science', 284 (3), 2014.

State of the world's plants, RBG Kew 편집 2016년 보고서, 아래의 인터넷 사이트에서 참고 가능 http://stateoftheworldsplants.com/report/sotwp_2016.pdf.

I. 뇌 없는 기억

A.-P.De Candolle, J.B. Lamarck, *Flore française ou descriptions succinctes de toutes les plantes qui croissent naturellement en France,* Parigi 18053.

S.Lindquist et al., *Luminidependens (LD) is an arabidopsis protein with prion behavior,* 'Proceedings of the National academy of sciences of the United States of America', 113(21), 2016, pp. 6065-6070.

S. Mancuso et al., *Experience teaches plants to learn faster and forget slower in environments where it matters,* 'Oecologia', 175 (1), 2014 pp. 63-72.

K.Y. Sanbonmatsu et ar., *COOLAIR antisense RNAs from evolutionarily conserved elaborate secondary structures,* 'Cell reports', 16(12), 2016, pp. 3087-3096.

II. 식물에서 플랜토이드까지

F. Baluška, S. Mancuso, D. Volkmann, *Communication in plants. Neuronal aspects of plant life,* Springer, Berlino 2006.

P.B. Barraclough, L.J. Clark, W.R. Whallery, *How do roots penetrate strong soil?,* «Plant and soil», 255, 2003, pp. 93'104.

A. Braun, *The vegetable individual, in its relation to species,* «The American journal of science and arts», 19, 1855, pp. 297|318.

C. Darwin, *Journal of researches into the geology and natural history of the various countries visited by H.M.S.*

Beagle, under the command of captain Fitzroy, R.N., from 1832 to 1836, Colburn, Londra 1839 (trad. It. Viaggio di un naturalista intorno al mondo, Giunti, Firenze 2002).

E. Darwin, *Phytologia. Or the philosophy of agriculture and gardening,* Johnson, Londra 1800.

J.H. Fabre, *La plante, Leçons à mon fils sur la botanique,* Librairie Charles Delagrave, Parigi 1876.

J.W. von Goethe, *Versuch die Metamorphose der Pflanzen zu erklären,* C.W. Et4tinger, Gotha 1790 (trad. it. La metamorfosi delle piante, Guanda, Parma 2013).

E.L. Greacen J.S. Oh, *Physics of root growth,* «Nature new biology», 235, 1972, pp. 24-25.

S. Mancuso et al., *Plant neurobiology. An integrated view of plant signaling,* «Trends in plant science», 11 (8), 2006, pp. 413-419.

S. Mancuso et al., *The plant as a biomechatronic system,* «Plant signaling & behavior», 5 (2), 2010, pp. 90-93.

S. Mancuso, B. Mazzolai, *Il plantoide. Un possibile prezioso robot ispirato al mondo vegetale,* «Atti dei Georgofili 2006», serie VIII, vol. 3, tomo II, 2007, pp. 223-234.

D. Murawski, *Gemetic variation within tropical tree crowns, in Biologie d'une canopée forêt équatoriale. III: rapport de la mission d'exploration scientifique de la canopée de Guyane, octobre-décembre 1996,* a cura di F. Hallé *et al.*, Pronatura International e Opération canopée, Parigi-Lione 1998.

III. 숭고한 모방 기술

F. Baluška, S. Mancuso, *Vision in plants via plant-specific ocelli?,* 'Trends in plant science', 21 (9), 2016, pp. 727-730.

-, *'Plant ocelli for visually guided plant behavior',* 'Trends in plant science', 22 (1), 2017, pp. 5-6.

C.M. Benbrook, *'Trends in glyphosate herbicide use in the United States and globally',* 'Environmental sciences Europe', 28 (1), 2016, p.3.

S.P. Brown, W.D. Hamilton, *'Autumn tree colours as a handicap signal',* 'Proceedings of the Royal Society of London B', 268 (1475), 2001, pp. 1489-1493.

F. Darwin, *'Lectures on the physiology of movement in plants. V. The sense-organs for gravity and light',* 'New phytologist', 6, 1907, pp. 69-76.

G.S. Gavelis *et al., Eye-like ocelloids are built from different endosymbiotically acquired components',* 'Nature', 523 (7559), 2015, pp. 204-207.

G. Haberlandt, *Die Lichtsinnesorgance der Laubblätter,* W.Engelmann, Lipsia 1905.

S. Hayakawa *et al., Function and evolutionary origin of unicellular camera-type eye structure,* 'Plos ONE', 10 (3), 2015.

S. Mancuso, A. Viola, *Verde brillante. Semsibilità e intelligenza del mondo vegetale,* Giunti, Firenze-Milano 2013.

S. Mancuso, *Uomini che amano le piante. Storie di scienziati del mondo vegetale,* Giunti, Firemze-Milano

2014.
N. Schuergers *et al., Cyanobacteria use micro-optics to sense light direction,* 'eLife', 5, 2016.
N.I. Vavilov, *'Origin and geography of cultivated plants'*, Cambridge University Press, Cambridge 1992.
H. Wager, *The perception of light in plants,* 'Annals of botany', 23 (3), 1902, pp.459-490.

IV. 근육 없는 움직임

F. Darwin, «*The address of the president of the british association for the advancement of science*», <Science – New series>, 716 (28), 1908, pp. 353-362.
C. Dawson, A.-M. Rocca, J.F.V. Vincent, «*How pine cones open*», <Science>, 339 (6116), 2013, pp. 186-189.
S. Mancuso *et al.*, «*Subsurface investigation and interaction by self-burying bio-inspired probes. Self-burial strategy and performance in Erodium cicutarium – SeeDriller. Final report*», Esa act, 2014, consultabile al sito www.esa.int/gsp/ACT/doc/ARI/ARI%20Study%20Report/ACT-RPT-BIO-ARI-12-6401-selfburying.pdf.
C. Robertson McClung, «*Plant circadian rhythms*», <The plant cell>, 18 (4), 2006, pp. 792-803.

V. 캡시코파고와 식물의 노예들

H. Boecker *et al, The runner's high. Opioidergic mechanisms in the human brain,* 'Cerebral cortex', 18 (11), 2008, pp. 2523-2531.
N.K. Byrnes, J.E. Hayes, *Personality factors predict spicy food liking and intake,* 'Food quality and preference', 28 (1), 2013, pp. 213 -221.
F. Delpino, *Rapporti tra insetti e nettari extranuziali nelle piante,* 'Bollettino della Società entomologica italiana', 6, 1874, pp. 234-239.
M. Dicke, L.M. Schoonhoven, Joop J.A. van Loon, *Insect–plant biology,* Oxford University Press, Oxford 2005.
M. Nepi, *Beyond nectar sweetness. The hidden ecological role of non –protein amino acids in nectar,* 'Journal of ecology', 102 (1), 2014, pp. 108-115.
S.W. Nicolson, R.W. Thornburg, *Nectar chemistry, in Nectaries and nectar,* a cura di S.W.Nicolson, M. Nepi, E. Pacini, Springer, Dordrecht 2007, pp. 215-264.
P.S. Oliveira, V.Rico-Gray, *The ecology and evolution of ant-plant interactions,* The University of Chicago Press, Chicago 2007.
W.L. Scoville, *Note on capsicums,* 'The journal of the American pharmaceutical association', 1 (5), 1912, pp. 453-454.

VI. 초록 민주주의

J.Almenberg, T. Pfeiffer, *Prediction markets and their potential role in biomedical research. A review,* 'Biosystems', 102 (2-3), 2010, pp. 71-76.

K.J. Arrow *et al., Economics. The promise of prediction markets,* 'Science', 320 (5878), 2008, pp. 877-878.

F. Baluška, S. Lev-Yadun, S. Mancso, *Swarm intelligence in plant roots,* 'Trends in ecology and evolution', 25 (12), 2010, oo. 682-683.

E. Bonabeau, M. Dorigo, G Theraulaz, *Swarm intelligence. From natural to artificial systems,* Oxford University Press, Oxford 1999.

J.L. Borges, *El idioma analitico de John Wilkins, in Otras inquisiciones (1973-1952),* Sur, Buenos Aires 1952 (trad. It. L'idioma analitico di John Wilkins, in Altre inquisizioni, Adelphi, Milano 2000).

R.J.G. Clément *et al., Collective cognition in humans. Groups outperform their best members in a sentence reconstruction task,* 'Plos ONE', 8 (10), 2013.

L. Conradt, T.J.Roper, *Group decision-making in animal groups,* 'Nature', 421, 2003, pp. 155-158.

I.D. Couzin, *Collective cognition in animal groups,* 'Trends in cognitive sciences', 13 (1), 2009, pp. 36-43.

C. Darwin, *The correspondence of Charles Darwin.* Vol. 2: 1837-1843, a cura di F. Burkhardt, S. Smith, Cambridge University Press, Cambridge 1987.

N. Epley, N. Klein, *Group discussion improves lie detection,* 'Proceedings of the National academy of sciences of the United States of America', 112 (24), 2015, pp. 7460-7465.

B. Franklin, *From Benjamin Franklin to Jonathan Williams, Jr., 8 April 1779,* in *The papers of Benjamins Franklin. Vol. 29: march 1 through june 30, 1779,* a cura di B.B. Oberg, Yale University Press, New Haven-Londra 1992, pp. 283-284.

D.A. Garvin, K.R. Lakhani, E. Lonstein, *TopCoder (A). Developing software though crowdsourcing,* 'Harvard Business School case collection', case n. 610-032, 2010.

G. Gigrenzer, *Gut feelings. The intelligence of the unconscious,* Viking Books, New York 2007 (trad. It. Decisioni intuitive. Quando si sceglie senza pensarci troppo, Raffaello Cortina, Milano 2009).

F. Hallé, *Èloge de la plante. Pour une nouvelle biologie,* Seuil, Parigi 1999.

N.L. Kerr, R.S. Tindale, *Group performance and decision making,* 'Annual review of psychology', 55, 2004, pp. 623-655.

J. Krause, S. Krause, G.D. Ruxton, *Swarm intelligence in animals and humans,* 'Trends in ecology and evolution', 25 (1), 2010, pp. 28-34.

S. Mancuso *et al, Swarming behavior in plant roots,* 'Plos ONE', 7 (1), 2012.

B. Mellers *et al., Psycological strategies for winning a geopolitical forecasting tournament,* 'Psychological science', 25 (5), 2014, pp. 1106-1115.

Plant roots. *The hidden half,* a cura di T. Beeckman, A. Eshel, 2013[4]([4]==), CRC Press, Boca Raton 2013.

Platone, *Protagora,* a cura di M.L. Chiesara, BUR Rizzoli, Milano 2010, p. 123.

J. Surowiecki, *The wisdom of crowds. Why the many are smarter than the few and how collective wisdom shapes business, economics, societies and nations,* Doubleday, New York 2004 (trad. It. La saggezza della folla, Fusi orari, Roma 2007).

M. Wolf *et al., Accurate decisions in an uncertain world. Collective cognition increases true positives while decreasing false positives,* 'Proceedings of the Royal Society of London B', 280 (1756), 2013.

—, *Collective intelligence meets medical decision-making. The collective outperforms the best radiologistm* 'Plos ONE', 10 (8), 2015.

—, *Detection accuracy of collective intelligence assessments for skin cancer diagnosis,* 'Jama dermatology', 151 (12), 2015, pp. 1346-1353.

—, *Boosting medical diagnostics by pooling independent judgments,* 'Proceedings of the National academy of sciences of the Unted States of America', 113 (31), 2016, pp. 8777-8782.

A.W. Woolley *et al., Evidence for a collective intelligence factor in the performance of hyman groups,* 'Science', 330 (6004), 2010, pp. 686-688.

VII. 최상위 식물

M. Dacke, T. Nørgaard, *Fog-basking bhaviour and water collection efficiency in Namib desert darkling beetles,* 'Frontiers in zoology', 7 (23), 2010.

J.D. Hooker, *On Welwitschia, a new genus of* Gnetaceae, 'Transactions of the Linnean society of London', 24 (1), 1863, pp. 1-48.

J.Ju *et al., A multi-structural and multi-functional integrated fog collection system in cactus,* 'Nature communications', 3 (1247), 2012.

Leonardo da Vinci, *'Trattato della pittura. Parte VI: Deglii alberi e delle verdure. N. 833: Della scorza degli alberi,* Newton Compton, Roma 2105.

Life and letters of Sir Joseph Dalton Hooker, Vol. 2, a cura di L. Huxley, John Murray, Londra 1918, p. 25.

Y. Zheng *et al., Directional water collection on wetted spider silk,* 'Nature', 463, 2010, pp. 640-643.

VIII. 우주식물

E.E. Aldrin, N. Armstrong, M. Collins, *First on the moon. A voyage with Neil Armstrong, Michael Collins and Edwin E. Aldrin, Jr.,* Little, Brown and Company, New York 1970.

I. Asimov, *Pebble in the Sky,* Doubleday, New York 1950 (trad. It. Paria dei cieli, Mondadori, Milano 2015).

P.W. Barlow, *Gravity perception in plants. A multiplicity of systems derived by evolution?,* 'Plant, cell & environment', 18 (9), 1995, pp. 951-962.

S.I. Bartsev, E. Hua, H. Liu, *Conceptual design of a bioregenerative life support system containing crops and silkworms,* 'Advances in space research', 45 (7), 2010, pp. 929-939.

S. Mancuso *et al., Root apex transition zone. A signaling-respose nexus in the root,* 'Trends in plant science', 15 (7), 2010, pp. 402-408.

S. Mancuso *et al., Gravity affects the closure of the traps in* Dionaea muscipula, 'Biomed research international', 2014, consultabile al sito www.hindawi.com/journals/bmri/2014/964203/ .
S. Mancuso *et al., The electrical network of maize root apex is gravity dependent,* 'Scientific reports', 5 (7730), 2015.

IX. 담수 없는 생존

K.G. Cassman, K.M. Eskridge, P.Grassini, *'Distinguishing between yield advances and yield plateaus in historical crop production trends'*, 'Nature communications', 4(2918), 2013.
C.P. Kelley *et al., 'Climate change in the Fertile Crescent and imolications of the recent Syrian drought'*, 'Proceedings of the National academy of sciences of the United States of America', 112 (11), 2015, pp. 3241-3246.
'Land concentration, land grabbing and people's struggles in Europe', report del 2013 a cura del Transnational institute, consultabile al sito www.tni.org/en/publication/land-concentration-land-grabbing-and-peoples-struggles-in-europe-0.
C.Lesk, N. Ramankutty, P. Rowhani, *'Influence of extreme weather disasters in global crop production'*, 'Nature', 529 (7584), 2016, pp. 84-87.
M. Qadir *et al.,'Productivity enhancement of salt-affected environments throught crop diversification'*, 'Land degradation and development', 19 (4), 2008, pp. 429-453.
K. Riadh *et al., 'Responses of halophytes to environmental stresses with special emphasis to salinity'*, 'Advances in botanical research', 53, 2010, pp. 117-145.
D. Ricardo, *'On the principles of political economy and taxation'*, John Murray, Londra 1817 (trad.it. 'Principi di economia politica e dell'imposta, UTET, Torino 2006).
C.J. Ruan *et al., 'Halophyte improvement for a salinized world'*, 'Critical reviews in plant sciences', 29 (6), 2010, pp. 329-359.
'The Global Risks', report del 2016 a cura del World economic forum, consultabile al sito www.weforum.org/docs/Media/TheGlobalRisksReport2016.pdf.
D.F. Wallace, *'Questa è l'acqua'*, Einaudi, Torino 2009.

사진 자료

별도로 명시된 내용이 없는 이미지는 지운티 기록 보관소 소장품이다. 편집자는 출처를 찾을 수 없는 이미지에 예외적인 권한을 적용할 수 있음을 밝힌다.

Per cortesia di Stefano Mancuso
pp. 13, 27, 34-35, 47, 49, 51, 56-57, 69d, 70, 71, 77, 80, 86-87, 94, 95, 96, 99, 101, 103, 107, 110-111, 114, 115, 118, 131, 135, 138-139, 144, 149, 154, 159, 171, 180-181, 184, 187, 198, 203, 204, 206, 216, 218, 220, 223, 225, 226, 246, 249, 252

pp. 16-17 © Peter Owen / EyeEm / Getty Images
p. 24 © Shutterstock / Bankolo5
p. 39 alto © De Agostini / Getty Images
p. 39 basso © Lebrecht Music & Arts / Contrasto
p. 45 © Labrina / Creative Commons
p. 62 © Flickr / Wikimedia Commons
p. 65 alto © blickwinkel / Alamy Stock Photo / IPA
p. 65 basso © Shutterstock / vaivirga
p. 69(a-c) sinistra © Paul Zahl / National Geographic / Getty Images
p. 76 © Shutterstock / ChWeiss
p. 77 alto © UIG / Getty Images
p. 78 © Pal Hermansen / NPL / Contrasto
p. 82 © Bill Barksdale / Agefotostock
p. 90 © SSPL / National Media Museum / Getty Images
p. 92 © SSPL / Florilegius / Getty Images
p. 117 © Morley Read / Getty Images
p. 121 © Visuals Unlimited / NPL / Contrasto
p. 128 © Shutterstock / Lenscap Photography
p. 150 © Shutterstock / Hristo Rusev
p. 153 © Stuart Wilson / Science Source / Getty Images
p. 161 © Martin Ruegner / IFA-Bilderteam / Getty Images
p. 176 © The Opte Project / Wikimedia Commons
p. 188 © Hulton Deutsch / Getty Images
p. 189 © George Rinhart / Getty Images
p. 197 © UIG / Getty Images
p. 201 © Juan Carlos Munoz / NPL / Contrasto
pp. 232-233 © Shutterstock / Peter Wey
p. 236 © Andrii Shevchuk / Alamy Stock Photo / IPA
p. 239 © Shutterstock / Atonen Gala
p. 241 © Shutterstock / Darren J. Bradley
p. 243 © Peter Chadwick / SPL / Contrasto
pp. 3, 19, 37, 59, 89, 113, 141, 183, 213, 235 © Blasko Rizov / Shutterstock

식물 혁명

1판 4쇄 발행 2024년 2월 14일

글쓴이 스테파노 만쿠소
옮긴이 김현주

펴낸이 이경민
펴낸곳 (주)동아엠앤비
출판등록 2014년 3월 28일(제25100-2014-000025호)
주소 (03972) 서울특별시 마포구 월드컵북로22길 21, 2층
홈페이지 www.dongamnb.com
전화 (편집) 02-392-6901 (마케팅) 02-392-6900
팩스 02-392-6902
전자우편 damnb0401@naver.com
SNS

ISBN 979-11-6363-024-1 (03480)

※ 책 가격은 뒤표지에 있습니다.
※ 잘못된 책은 구입한 곳에서 바꿔 드립니다.